国家电网
STATE GRID

电网企业专业技能考核题库

信息运维检修工

国网宁夏电力有限公司 编

中国电力出版社
CHINA ELECTRIC POWER PRESS

内 容 提 要

本书编写依据国家职业技能鉴定、电力行业职业技能鉴定与国家电网有限公司技能等级评价（认定）相关制度、规范、标准，立足宁夏电网生产实际，融合新型电力系统构建及新时代技能人才发展目标要求。本书主要内容为电网企业技能人员技能等级认定与评价实操试题，包含技能笔答及技能操作两大部分，其中技能笔答主要以单选、多选、判断、简答题形式命题，技能操作以任务书形式命题，均明确了各个环节的考核知识点、标准答案和评分标准。

本书为电网企业生产技能人员的培训教学用书，可供从事相应职业（工种）技能人员学习参考，也可作为电力职业院校教学参考书。

图书在版编目（CIP）数据

信息运维检修工/国网宁夏电力有限公司编. —北京：中国电力出版社，2022.9
电网企业专业技能考核题库
ISBN 978-7-5198-7200-7

Ⅰ. ①信…　Ⅱ. ①国…　Ⅲ. ①电力通信系统–检修–职业技能–鉴定–习题集　Ⅳ. ①TM73-44

中国版本图书馆 CIP 数据核字（2022）第 201214 号

出版发行：中国电力出版社
地　　址：北京市东城区北京站西街 19 号（邮政编码 100005）
网　　址：http://www.cepp.sgcc.com.cn
责任编辑：马　丹（010-63412725）　霍　妍
责任校对：黄　蓓　王海南
装帧设计：郝晓燕
责任印制：钱兴根

印　　刷：北京天宇星印刷厂
版　　次：2022 年 9 月第一版
印　　次：2022 年 9 月北京第一次印刷
开　　本：889 毫米×1194 毫米　16 开本
印　　张：13.5
字　　数：387 千字
定　　价：52.00 元

《电网企业专业技能考核题库 信息运维检修工》

编 委 会

主　　任	衣立东				
副 主 任	陈红军	贺　文			
成　　员	王国军	王世杰	张立中	张　军	李　谦
	胡建军	沙卫国	赵晓东	欧阳怀	谢卫宁
	夏绪卫	吴　双	张云峰	黎　萍	张振宇
	苏　望	夏　琨	贾　博	惠　亮	何鹏飞
	蒋惠兵	吕　鑫	黄婷婷	权婧琦	

《电网企业专业技能考核题库 信息运维检修工》

编 写 组

主　编　王国军

副 主 编　张振宇　吴旻荣

编写人员　李　斌　段文奇　柴育峰　肖清明　史　磊

于　烨　沙　浩　卢　磊　杜梦迪　陈一鸣

贾　博　常　亮　于晓昆　买　波　党仲魁

乔瑜瑜　孙碧颖　刘家钰　郑忠明

审稿人员　王　晔　段文奇　魏　宁　贾　博　陈　玲

宋文龙　张　伟

前　言

国网宁夏电力有限公司以国家职业技能鉴定、电力行业职业技能鉴定与国家电网有限公司技能等级评价（认定）相关制度、规范、标准为依据，主要针对电网企业各类技能工种的初级工、中级工、高级工、技师、高级技师等人员，以专业操作技能为主线，立足宁夏电网生产实际，结合新型电力系统构建要求，编写了《电网企业专业技能考核题库》丛书。丛书在编写原则上，以职业能力建设为核心；在内容定位上，突出针对性和实用性，涵盖了国家电网有限公司相关政策、标准、规程、规定及现代电力系统新设备、新技术、新知识、新工艺等内容。

丛书的深度、广度遵循了"适应发展需求、立足实践应用"的工作思路，全面涵盖了国家电网有限公司技能等级评价（认定）内容，能够为国网宁夏电力有限公司实施技能等级评价（认定）专业技能考核命题提供依据，也可服务于同类电网企业技能人员能力水平的考核与认定。本套丛书可供电网企业技能人员学习参考，可作为电网企业生产技能人员的培训教学用书，也可作为电力职业院校教学参考用书。

由于时间和水平有限，难免存在疏漏之处，恳请各位专家和读者提出宝贵意见。

目 录

前言

第一部分　初级工 ……………………………………………………………………… 1
第一章　信息运维检修工初级工技能笔答 ……………………………………………… 2
第二章　信息运维检修工初级工技能操作 ……………………………………………… 30

第二部分　中级工 ……………………………………………………………………… 38
第三章　信息运维检修工中级工技能笔答 ……………………………………………… 39
第四章　信息运维检修工中级工技能操作 ……………………………………………… 66

第三部分　高级工 ……………………………………………………………………… 74
第五章　信息运维检修工高级工技能笔答 ……………………………………………… 75
第六章　信息运维检修工高级工技能操作 ……………………………………………… 105

第四部分　技师 ………………………………………………………………………… 114
第七章　信息运维检修工技师技能笔答 ………………………………………………… 115
第八章　信息运维检修工技师技能操作 ………………………………………………… 153

第五部分　高级技师 …………………………………………………………………… 160
第九章　信息运维检修工高级技师技能笔答 …………………………………………… 161
第十章　信息运维检修工高级技师技能操作 …………………………………………… 200

第一部分
初级工

第一章　信息运维检修工初级工技能笔答

单　选　题

Jb0704571001　WebLogic 是遵循（　　　）标准的中间件。（3分）

A. DCOM　　　　　　B. J2EE　　　　　　C. DCE　　　　　　D. TCP/IP

考核知识点：中间件基础

难易度：易

标准答案：B

Jb0704571002　不具备扩展性的存储架构有（　　　）。（3分）

A. DAS　　　　　　B. NAS　　　　　　C. SAN　　　　　　D. IP SAN

考核知识点：架构基础

难易度：易

标准答案：A

Jb0704571003　1MB 换算成 bit 为（　　　）。（3分）

A. 1000×1024B　　B. 1000×1000B　　C. 1024×1024B　　D. 1000×100B

考核知识点：网络基础

难易度：易

标准答案：C

Jb0704571004　boot.properties 文件写入的是管理域的（　　　）。（3分）

A. 日志文件信息　　　　　　　　　　B. 监听信息

C. 用户名和密码信息　　　　　　　　D. 环境变量信息

考核知识点：中间件基础

难易度：易

标准答案：C

Jb0704571005　JavaEE 是基于各个软件组件的企业服务（　　　）平台。（3分）

A. 开发　　　　　　B. 发展　　　　　　C. 服务　　　　　　D. 应用

考核知识点：架构基础

难易度：易

标准答案：D

Jb0704571006　LAMP 是 Linux＋Apache＋MySQL＋PHP 四项技术的缩写，共同组成了一个强大的（　　　）应用程序平台。（3分）

A. 环境　　　　　　B. 网页　　　　　　C. 开发　　　　　　D. 移动

考核知识点：平台基础

难易度：易

标准答案：B

Jb0704571007　RedHat Linux 系统上查看当前系统路由表的命令是（　　　）。（3分）

A. route　　　　　　　　B. ifconfig　　　　　　　C. ping　　　　　　　　D. df

考核知识点：主机基础

难易度：易

标准答案：A

Jb0704571008　Servlet 的生命周期中，最早的阶段是（　　　）。（3分）

A. 加载　　　　　　　　B. 初始化　　　　　　　C. 响应请求　　　　　　D. 销毁

考核知识点：软件基础

难易度：易

标准答案：A

Jb0704571009　机房内服务器告警时指示灯呈（　　　）。（3分）

A. 蓝色、绿色　　　　　B. 红色、黄色　　　　　C. 红色、蓝色　　　　　D. 红色、绿色

考核知识点：主机基础

难易度：易

标准答案：B

Jb0704571010　Windows 系统中，路由跟踪命令是（　　　）。（3分）

A. tracert　　　　　　　B. traceroute　　　　　　C. routetrace　　　　　　D. trace

考核知识点：主机基础

难易度：易

标准答案：A

Jb0704571011　怎样检查当前 RMAN 配置信息？（　　　）（3分）

A. 使用 RMAN 连接到目标数据库，使用 SHOW ALL 命令

B. 在 SQL * Plus 中执行 SHOW RMAN CONFIG URATION

C. 使用 RMAN 连接到恢复 catalog，使用 SHOW ALL 命令

D. 连接到目标数据库实例，查询 V$RMAN_CONFIGURATION 视图

考核知识点：数据库基础

难易度：易

标准答案：A

Jb0704571012　对于公司大面积停电事件，工作中应坚持统一领导、分级负责、（　　　）、快速反应、政企联动、保障民生的工作原则。（3分）

A. 专业为主　　　　　　B. 属地为主　　　　　　C. 属地为辅　　　　　　D. 属地联动

考核知识点：规章制度

难易度：易

标准答案：B

Jb0704571013 在 Linux 下，前台启动域的命令是（ ）。（3分）

A. ./start weblogic.sh

B. ./stop weblogic.sh

C. nohup ./start weblogish&

D. dbca

考核知识点：主机基础

难易度：易

标准答案：A

Jb0704571014 在 MSR 路由器上，配置文件是以（ ）格式保存的文件。（3分）

A. 批处理文件　　　　B. 文本文件　　　　C. 可执行文件　　　　D. 数据库文件

考核知识点：网络基础

难易度：易

标准答案：B

Jb0704571015 在安装扫描仪前，需要以（ ）身份登录操作系统，再进行后续操作。（3分）

A. 管理员　　　　　　B. 游客　　　　　　C. 普通用户　　　　　D. 任意用户

考核知识点：主机基础

难易度：易

标准答案：A

Jb0704571016 （ ）是一个对称 DES 加密系统，它使用一个集中式的专钥密码功能，系统的核心是 KDC。（3分）

A. TACACS　　　　　B. RADIUS　　　　　C. Kerberos　　　　　D. PKI

考核知识点：加密基础

难易度：易

标准答案：C

Jb0704572017 云计算是对（ ）技术的发展与运用。（3分）

A. 并行计算　　　　　　　　　　　B. 网格计算

C. 分布式计算　　　　　　　　　　D. 三个选项都是

考核知识点：云平台基础

难易度：中

标准答案：D

Jb0704572018 在 WebLogic 11g 中，集群中都有一个 admin server（即管理服务器），当 admin server 与 managed server 断开时，若要重新连接，下面说法正确的是（ ）。（3分）

A. admin server 不会重连

B. 读取 managed-servers.xml 和 config.xml

C. managed servers 必须重启

D. managed servers send heartbeat to admin server

考核知识点：中间件基础

难易度：中

标准答案：B

Jb0704572019 802.1D 中规定了 Forwarding 端口状态，此状态的端口具有的功能是（　　）。（3分）

A. 不接收或转发数据，接收但不发送 BPDU，不进行地址学习

B. 不接收或转发数据，接收并发送 BPDU，不进行地址学习

C. 不接收或转发数据，接收并发送 BPDU，开始地址学习

D. 接收或转发数据，接收并发送 BPDU，开始地址学习

考核知识点：网络基础

难易度：中

标准答案：D

Jb0704572020 NAT（网络地址转换）的功能是（　　）。（3分）

A. 将 IP 协议改为其他网络协议

B. 实现 ISP（因特网服务提供商）之间的通信

C. 实现拨号用户的接入功能

D. 实现私有 IP 地址与公共 IP 地址的相互转换

考核知识点：网络基础

难易度：中

标准答案：D

Jb0704572021 Ping-（　　）traget_name 命令中计数跃点的时间戳的参数是（　　）。（3分）

A. a count　　　　B. n count　　　　C. r count　　　　D. s count

考核知识点：网络基础

难易度：中

标准答案：D

Jb0704572022 《国家电网公司信息通信运行安全事件报告工作要求》规定，对于出现的系统告警，要求省级调度员核查故障类型，B、C、D 类故障发生后（　　）分钟内通过调度电话向国网信通调度进行口头汇报。（3分）

A. 10　　　　B. 20　　　　C. 30　　　　D. 60

考核知识点：规章制度

难易度：中

标准答案：C

Jb0704572023 RIP 在选择最佳路径的时候参照（　　）。（3分）

A. 到目的网络所经过路由器的个数　　　　B. 所花费的时间

C. 经过链路的带宽　　　　D. 路由器的档次

考核知识点： 网络基础

难易度： 中

标准答案： A

Jb0704572024　Chinese Wall 模型的设计宗旨是（　　　　）。（3分）

A. 用户只能访问那些与已经拥有的信息不冲突的信息

B. 用户可以访问所有信息

C. 用户可以访问所有已经选择的信息

D. 用户不可以访问那些没有选择的信息

考核知识点： 网络基础

难易度： 中

标准答案： A

Jb0704572025　下面哪个系统预定义角色允许一个用户创建其他用户？（　　　　）（3分）

A. CONNECT　　　　　B. DBA　　　　　C. RESOURCE　　　　　D. SYSDBA

考核知识点： 数据库基础

难易度： 中

标准答案： B

Jb0704572026　下面哪个针对访问控制的安全措施是最容易使用和管理的？（　　　　）（3分）

A. 密码　　　　　B. 加密标志　　　　　C. 硬件加密　　　　　D. 加密数据文件

考核知识点： 网络安全基础

难易度： 中

标准答案： C

Jb0704572027　Vcenter 存储默认建议预留（　　　　）。（3分）

A. 0.05　　　　　B. 0.1　　　　　C. 0.15　　　　　D. 0.2

考核知识点： 主机基础

难易度： 中

标准答案： C

Jb0704572028　以下（　　　　）命令是 Oracle 创建用户口令。（3分）

A. create user xxx identified by xxx　　　　　B. grant dbato user

C. alter user xxx account unlock　　　　　D. grant user todba

考核知识点： 数据库基础

难易度： 中

标准答案： A

Jb0704572029　在 Linux 系统中，检查已安装的文件系统/dev/sdb1 是否正常，若检查有错，无法读取数据或数据处于只读状态，则自动修复，其命令及参数是（　　　　）。（3分）

A. fsck -a /dev/sdb1　　B. fsck -l /dev/sdb1　　C. fsck -s /dev/sdb1　　D. fsck -c /dev/sdb1

考核知识点： 主机基础

难易度：中

标准答案：A

Jb0704572030　在 UNIX 系统中，"ls"命令在系统（　　　　）目录中。（3分）

A. /usr/sbin　　　　　　　B. /usr/local/bin　　　　　　C. /usr/bin　　　　　　D. /usr/lib

考核知识点：主机基础

难易度：中

标准答案：C

Jb0704572031　在 WebLogic 管理控制台中对一个应用域（或者说是一个网站，Domain）进行 jms 及 ejb 或连接池等相关信息进行配置后，配置实际保存在下列哪个文件中？（　　　　）（3分）

A. config.xml　　　　　　B. weblogic.xml　　　　　　C. ejb-jar.xml　　　　　　D. web.xml

考核知识点：中间件基础

难易度：中

标准答案：A

Jb0704572032　在 Oracle 维护过程中，第一步应查看数据库管理系统的运行日志，它以 XML 与传统的文本两种格式提供运行日志，其文件名为（　　　　）。（3分）

A. error_'SID'.log　　　　B. Alert_'SID'.log　　　　C. trace_'SID'.log　　　　D. logtail_'SID'.log

考核知识点：数据库基础

难易度：中

标准答案：B

Jb0704573033　不属于桌面虚拟化技术构架的选项是（　　　　）。（3分）

A. 虚拟桌面基础架构（VDI）　　　　　　　　B. 虚拟操作系统基础架构（VOI）

C. 远程托管桌面　　　　　　　　　　　　　　D. OSV 智能桌面虚拟化

考核知识点：虚拟化技术基础

难易度：难

标准答案：C

Jb0704573034　Linux 系统加载后，它将初始化硬件和设备驱动，然后运行第一个进程 init。init 根据配置文件继续引导过程，启动其他进程。Linux 启动第一个进程 init 时启动的第一个脚本程序是（　　　　）。（3分）

A. /etc/rc.d/init.d　　　　　　　　　　　　　B. /etc/rc.d/rc.sysinit

C. /etc/rc.d/rc5.d　　　　　　　　　　　　　D. /etc/rc.d/rc3.d

考核知识点：主机基础

难易度：难

标准答案：B

Jb0704573035　SGA 用于存储数据库信息的内存区，该信息为数据库进程所共享。它包含 Oracle 服务器的数据和控制信息，以下（　　　　）内存区不属于 SGA。（3分）

A. PGA　　　　　　　　　B. 日志缓冲区　　　　　　　C. 数据缓冲区　　　　　　D. 共享池

考核知识点：数据库基础

难易度：难

标准答案：A

Jb0704573036 关于 VPN 连接，下列说法错误的是（　　　）。（3分）

A. 同一 VPN 网关可与关联的 VPC 内的多个子网建立连接

B. 同一 VPN 网关下所有 VPN 连接，相互不能重叠

C. 同一 VPN 连接的多个远端子网网段，相互不能重叠

D. 同一 VPN 网关下所有 VPN 连接的本端子网网段，相互可以重叠

考核知识点：网络基础

难易度：难

标准答案：D

Jb0704573037 按照 TCSEC 标准，未启用 SELinux 保护的 Linux 系统和启用 SELinux 保护的 Linux 系统的安全级别分别是（　　　）。（3分）

A. B2 级和 B1 级　　　　B. C2 级和 B1 级　　　　C. B1 级和 A 级　　　　D. B2 级和 A 级

考核知识点：主机基础

难易度：难

标准答案：D

Jb0704573038 在 WebLogic 中，machine 可以对应到服务器所在的物理硬件、远程管理和监控以及加强 fail over 管理，下列功能需要配置 machine 的是（　　　）。（3分）

A. 在 Session 复制时选择复制目标 Server

B. 定义 NodeManager 时

C. 绑定 80 端口时

D. 定义访问策略

考核知识点：中间件基础

难易度：难

标准答案：B

多　选　题

Jb0704581039 在一台 Windows 系统的电脑上设定的账号锁定策略为：账号锁定阈值为 5 次，账号锁定时间为 20min，复位账号锁定计数器时间为 20min，下面的说法正确的是（　　　）。（5分）

A. 账号锁定阈值和发生时间段长短没有关系，只要某一账号登录失败越过 5 次，此账号将被自动锁定

B. 某一账号被锁定后将要等待 20min，之后方可进行正常登录

C. 若用账号破解软件不停地对某一账号进行登录尝试，假设此账号一直没有破解成功，则系统管理员将一直不能正常登录

D. 以上说法均不正确

考核知识点：主机基础

难易度：易

标准答案：BC

Jb0704581040　在 Linux 系统中，关于硬链接的描述正确的是（　　　）。（5 分）

A. 可以跨文件系统

B. 不可以跨文件系统

C. 为链接文件创建新的节点

D. 链接文件的 i 节点与被链接文件的 i 节点相同

考核知识点：主机基础

难易度：易

标准答案：BD

Jb0704581041　WebLogic 域记录的三种日志文件分别是（　　　）。（5 分）

A. WebLogic 运行日志（AdminServer.log）

B. HTTP 访问日志（access.log）

C. 域运行日志，名字为域名.log（Gdgisfles.log）

D. Alert 日志

考核知识点：中间件基础

难易度：易

标准答案：ABC

Jb0704581042　对数据保障程度高的 RAID 技术是（　　　）。（5 分）

A. RAID0　　　　　　B. RAID1　　　　　　C. RAID5　　　　　　D. RAID10

考核知识点：虚拟化基础

难易度：易

标准答案：BD

Jb0704581043　省公司级单位信息运维单位主要承担（　　　）职责。（5 分）

A. 执行落实公司相关规章制度，接受本单位信息职能管理部门应急处置协调指挥工作

B. 负责编制本单位信息专项应急预案，落实开展本单位应急演练工作

C. 负责本单位信息应急处置调管指挥工作

D. 负责本单位信息应急处置工作

考核知识点：规章制度

难易度：易

标准答案：ABCD

Jb0704582044　针对 Windows 系统的安全保护，下列说法正确的是（　　　）。（5 分）

A. 禁止用户账号安装打印驱动，可防止伪装成打印机驱动的木马

B. 禁止存储设备的自动播放，可防止针对 U 盘的 U 盘病毒

C. 系统程序崩溃时会产生叫 coredump 的文件，这种文件中不包含重要系统信息

D. 破坏者可以利用系统蓝屏重启计算机，从而把恶意程序加载到系统中，所以应禁止蓝屏重启

考核知识点：主机基础

难易度：中

标准答案：ABD

Jb0704582045　下面关于临时表空间和临时段的说法，正确的选项有哪些？（　　　）（5 分）

A. 临时表空间中的临时段可用于排序、表连接等的临时空间

B. 很多 DBA 发现临时表空间总是处于 100%使用，因此诊断数据库一定存在严重问题

C. Oracle 可以设置多个临时表空间

D. RAC 环境中，如果某个实例临时段不足，而表空间无法扩展，可以使用其他实例中的临时段

考核知识点：数据库基础

难易度：中

标准答案：ACD

Jb0704582046 （   ）和（   ）存储管理方式提供二维地址结构。（5 分）

A. 段式管理　　　　　B. 页式管理　　　　　C. 段页式管理　　　　　D. 可变分区

考核知识点：主机基础

难易度：中

标准答案：AC

Jb0704582047 虚拟设备是指采用（   ）技术，将某个（   ）设备改进为供多个用户使用的（   ）设备。（5 分）

A. SPOOLING　　　　B. 独享　　　　　C. 共享　　　　　D. VMM

考核知识点：主机基础

难易度：中

标准答案：ABC

Jb0704582048 关于默认路由叙述正确的有（   ）。（5 分）

A. 默认路由是一种静态路由　　　　　B. 路由表无转发信息的数据包在此进行转发

C. 最后求助的网关　　　　　D. 默认路由是一种动态路由

考核知识点：网络基础

难易度：中

标准答案：ABC

Jb0704582049 下列关于数据库中索引重建说法正确的是（   ）。（5 分）

A. 当创建索引时，Oracle 会为索引创建索引树，表和索引树通过 rowid（伪列）来定位数据

B. 当表里的数据发生更新时，Oracle 会自动维护索引树

C. 如果表更新比较频繁，那么在索引中删除标示会越来越多，这时索引的查询效率必然降低，所以应该定期重建索引

D. 在索引重建期间，用户还可以使用原来的索引

考核知识点：数据库基础

难易度：中

标准答案：ABCD

Jb0704582050 静态 VLAN 是无法基于（   ）来实现的。（5 分）

A. 地址　　　　　B. 协议　　　　　C. 应用　　　　　D. 位置

考核知识点：网络基础

难易度：中

标准答案：ABCD

Jb0704583051　以下关于 Zookeeper 的 Loader 选举说法正确的是（　　　　）。（5分）

A. 当实例 n 为奇数时，假定 $n=2x+1$，则成为 leader 节点需要 $x+1$ 票

B. Zookeeper 选举 leader 时，需要半数以上的票数

C. 当实例数为 8，则成为 leader 需要 5 票，容灾能力为 4

D. 当实例数 n 为奇数时，假定 $n=2x+1$，则成为 leader 需要 x 票

考核知识点：大数据基础

难易度：难

标准答案：AB

Jb0704583052　以下关于 Hbase 文件存储模块描述正确的有（　　　　）。（5分）

A. 应用在 Fusionlnsight HD 的上层应用

B. HFS 封装了 Hbase 与 HDFS 的接口

C. 为上层应用提供文件存储、读取、删除等功能

D. HFS 是 Hbase 的独立模块

考核知识点：大数据基础

难易度：难

标准答案：ABCD

Jb0704583053　关于数据订阅数据变更类型，正确的是（　　　　）。（5分）

A. update　　　　　　　B. delete　　　　　　　C. insert　　　　　　　D. replace

考核知识点：大数据基础

难易度：难

标准答案：ABCD

Jb0704583054　关于数据库后台进程描述错误的有（　　　　）。（5分）

A. 数据库进程 ckpt 不是关键进程，可以随便 kill 进程

B. 数据库进程 lgwr 不是关键进程，可以随便 kill 进程

C. 数据库后台进程，通常都不能直接 kill，否则可能导致实例异常中止

D. 数据库监听程序也属于数据库的后台进程

考核知识点：数据库基础

难易度：难

标准答案：ABD

判　断　题

Jb0704591055　在 CSMA/CD 控制方法中站点在发送完帧之后再对冲突进行检测。（3分）

A. 对　　　　　　　　　　　　　　　　　　B. 错

考核知识点：网络基础

难易度：易

标准答案：B

Jb0704591056   在服务器中，HBA 卡的接口为 RJ－45。（3分）

A. 对   B. 错

考核知识点：主机基础

难易度：易

标准答案：B

Jb0704591057   在华为 FusionCompute 中，加入同一个安全组的所有虚拟机网卡都使用该安全组过滤，为了提高安全性，需将同一网卡加入多个安全组中。（3分）

A. 对   B. 错

考核知识点：云平台基础

难易度：易

标准答案：B

Jb0704591058   ROM 主要用于永久保存路由器的开机诊断程序、引导程序和操作系统软件。（3分）

A. 对   B. 错

考核知识点：网络基础

难易度：易

标准答案：A

Jb0704591059   裸金属服务器可以开启 VHA。（3分）

A. 对   B. 错

考核知识点：云平台基础

难易度：易

标准答案：A

Jb0704591060   管理员登录到华为 BCManagereBackup 上备份虚拟机时，可以根据网络带宽使用情况，选择 LAN-Free 或 LAN-Base 模式。（3分）

A. 对   B. 错

考核知识点：云平台基础

难易度：易

标准答案：B

Jb0704591061   UNIX 系统中的一个用户是可以同时属于多个用户组的。（3分）

A. 对   B. 错

考核知识点：操作系统

难易度：易

标准答案：A

Jb0704591062   WebLogic Server 日志的 rotation 使用的方法是按时间 rotation。（3分）

A. 对   B. 错

考核知识点：中间件基础

难易度：易

标准答案：A

Jb0704591063　Windows 操作系统巡检时，若磁盘使用量为 78%，应将该项检查结果填写为异常。（3分）

A. 对　　　　　　　　　　　　　　　　B. 错

考核知识点：主机基础

难易度：易

标准答案：B

Jb0704591064　CPU 的虚拟化技术可以单 CPU 模拟多 CPU 并行，但一个平台只允许运行一个操作系统。（3分）

A. 对　　　　　　　　　　　　　　　　B. 错

考核知识点：容器基础

难易度：易

标准答案：B

Jb0704591065　如果某些 Containers 的物理内存利用率超过了配置的内存阈值，但所有 Containers 的总内存利用率并没有超过设置的 Node Manager 内存阈值，那么内存使用过多的 Containers 仍可以继续运行。（3分）

A. 对　　　　　　　　　　　　　　　　B. 错

考核知识点：大数据基础

难易度：易

标准答案：A

Jb0704591066　由于 Spark 是基于内存的计算引擎，因此，一个 Spark 应用可以处理的数据量不能超过分给这个 Spark 应用的内存总和。（3分）

A. 对　　　　　　　　　　　　　　　　B. 错

考核知识点：大数据基础

难易度：易

标准答案：B

Jb0704591067　执行引擎的主要功能是解析用户输入的 SQL 查询，生成执行计划。（3分）

A. 对　　　　　　　　　　　　　　　　B. 错

考核知识点：数据库基础

难易度：易

标准答案：B

Jb0704591068　操作体系平台处理的是硬件体系和使用软件交互的难题。（3分）

A. 对　　　　　　　　　　　　　　　　B. 错

考核知识点：主机基础

难易度：易

标准答案：A

Jb0704591069 操作系统用户可以通过使用定期更新口令的方法来避免身份鉴别信息被冒用。（3分）

A. 对   B. 错

考核知识点：主机基础

难易度：易

标准答案：A

Jb0704591070 SLB 支持混挂不同 VPC 内的 ECS。（3分）

A. 对   B. 错

考核知识点：云平台基础

难易度：易

标准答案：B

Jb0704591071 J2EE 中间件平台集成了数据库管理功能。（3分）

A. 对   B. 错

考核知识点：中间件基础

难易度：易

标准答案：B

Jb0704591072 弹性公网 IP 释放后，若被其他用户使用，则无法找回。（3分）

A. 对   B. 错

考核知识点：云平台基础

难易度：易

标准答案：A

Jb0704591073 Linux 系统中命令 chown 用于修改文件或目录的属主。（3分）

A. 对   B. 错

考核知识点：主机基础

难易度：易

标准答案：A

Jb0704592074 方法追踪是对某个类的某个方法进行动态埋点，当这个类的方法被调用时，APM 采集探针会按照所配置的方法追踪规则对方法的调用数据进行采集，并将调用数据展现在调用链页面中。方法追踪主要用来帮助应用的开发人员在线定位方法级性能问题。（3分）

A. 对   B. 错

考核知识点：云平台基础

难易度：中

标准答案：A

Jb0704592075　Domain 中包含一个特殊的 WebLogic 服务器实例，称为 Administration Server。（3分）

A. 对　　　　　　　　　　　　　　B. 错

考核知识点：中间件基础

难易度：中

标准答案：A

Jb0704592076　Rsyslogd 日志服务是通过 stand alone daemon 机制来运行的。（3分）

A. 对　　　　　　　　　　　　　　B. 错

考核知识点：主机基础

难易度：中

标准答案：A

Jb0704592077　TCP 安全属于网络层的安全协议。（3分）

A. 对　　　　　　　　　　　　　　B. 错

考核知识点：网络基础

难易度：中

标准答案：B

Jb0704592078　Windows Server Backup 不能创建用于裸机的备份。（3分）

A. 对　　　　　　　　　　　　　　B. 错

考核知识点：主机基础

难易度：中

标准答案：B

Jb0704592079　Spark Streaming 容错机制实质 RDD 中的任意 Partition 出错，都可以根据其父 RDD 重新计算生成，若父 RDD 丢失，则需要去硬盘中查找原始数据。（3分）

A. 对　　　　　　　　　　　　　　B. 错

考核知识点：大数据基础

难易度：中

标准答案：A

Jb0704592080　MySQL 是一种多用户的数据库管理系统。（3分）

A. 对　　　　　　　　　　　　　　B. 错

考核知识点：数据库基础

难易度：中

标准答案：A

Jb0704592081　数据中台汇聚数据类型包括结构化、非结构化、采集量测。（3分）

A. 对　　　　　　　　　　　　　　B. 错

考核知识点：架构基础

难易度：中

标准答案：A

Jb0704592082　Oracle 运行过程中，仅当检查点时，DBWn 进程才将"脏"数据写入数据文件。（3分）

A．对　　　　　　　　　　　　　　　　B．错

考核知识点：数据库基础

难易度：中

标准答案：B

Jb0704592083　可以通过申请弹性公网 IP 并将弹性公网 IP 绑定到弹性云服务器上，实现弹性云服务器访问公网的目的。（3分）

A．对　　　　　　　　　　　　　　　　B．错

考核知识点：云平台基础

难易度：中

标准答案：A

Jb0704592084　当内部网络的主机访问外部网络的时候，一定不需要 NAT。（3分）

A．对　　　　　　　　　　　　　　　　B．错

考核知识点：网络基础

难易度：中

标准答案：B

Jb0704592085　ELB 本身不会限制后端的云服务器使用哪种操作系统，只要两台云服务器中的应用服务部署是相同且保证数据的一致性即可。（3分）

A．对　　　　　　　　　　　　　　　　B．错

考核知识点：云平台基础

难易度：中

标准答案：A

Jb0704592086　WebLogic Server 是一个承载应用和资源的、可配置的、健壮的、多线程的 Java 应用程序。（3分）

A．对　　　　　　　　　　　　　　　　B．错

考核知识点：中间件基础

难易度：中

标准答案：A

Jb0704592087　当网络出现故障时，使用 Tracert 命令可以确定数据包在路径上不能继续向下转发的位置，找出在经过哪个路由器时出现了问题，从而缩小排除范围。（3分）

A．对　　　　　　　　　　　　　　　　B．错

考核知识点：网络基础

难易度：中

标准答案：A

Jb0704592088 ELB 支持通过内网、EIP 两种方式访问。（3分）

A. 对　　　　　　　　　　　　　　B. 错

考核知识点：云平台基础

难易度：中

标准答案：A

Jb0704593089 ServiceStage 中的应用由一个或多个特性相关的组件构成。（3分）

A. 对　　　　　　　　　　　　　　B. 错

考核知识点：云平台基础

难易度：难

标准答案：A

Jb0704593090 tar 易于使用、稳定可靠，且在任何 Linux 系统上都有该命令，因此它是最常使用的备份工具。（3分）

A. 对　　　　　　　　　　　　　　B. 错

考核知识点：主机基础

难易度：难

标准答案：A

Jb0704593091 VPN 能够利用 Internet 或其他公共互联网的基础设施为用户创建隧道，并提供与专用网络一样的安全和功能保障。（3分）

A. 对　　　　　　　　　　　　　　B. 错

考核知识点：网络基础

难易度：难

标准答案：A

Jb0704593092 用户权限管理基于角色的访问控制，提供可视化多组统一的集群中用户权限管理。（3分）

A. 对　　　　　　　　　　　　　　B. 错

考核知识点：大数据基础

难易度：难

标准答案：A

Jb0704593093 对进程的同步，要保证进程必须相互配合共同推进，并严格按照一定的先后顺序。（3分）

A. 对　　　　　　　　　　　　　　B. 错

考核知识点：主机基础

难易度：难

标准答案：A

简 答 题

Jb0704531094　WebLogic 域记录的日志类型有哪些？（10 分）

考核知识点：中间件基础

难易度：易

标准答案：

① WebLogic 运行日志（AdminServer.log）；② HTTP 访问日志（access.log）；③ 域运行日志，名字为域名.log（Gdgisfles.log）。

Jb0704531095　查询 Oracle 在线日志状态的方法有哪些？（请至少写出两种）（10 分）

考核知识点：数据库基础

难易度：易

标准答案：

① select * from vlogfile；② select * from vlog。

Jb0704531096　属于配置集群的必要条件有哪些？（请至少写出两种）（10 分）

考核知识点：中间件基础

难易度：易

标准答案：

① 所有 Server 同一网段，并 IP 广播可达；② Server 必须是静态 IP；③ License 含有 cluster 许可。

Jb0704531097　使用 ALTERSYSTEM 语句修改系统的初始化参数时，SCOPE 选项可以指定为哪些值？（请至少写出两种）（10 分）

考核知识点：数据库基础

难易度：易

标准答案：

① MEMORY；② SPFILE；③ BOTH。

Jb0704531098　静态路由协议优点有哪些？（请至少写出两种）（10 分）

考核知识点：网络基础

难易度：易

标准答案：

① 没有额外 router 的 CPU 负担；② 节约带宽；③ 增加安全性。

Jb0704531099　路由器可以通过哪些方式进行配置？（请至少写出两种）（10 分）

考核知识点：网络基础

难易度：易

标准答案：

① 通过远程登录设置；② 通过控制口配置。

Jb0704531100　Web 应用防火墙的典型应用场景有哪些？（请至少写出两种）（10 分）

考核知识点：网络安全

难易度：易

标准答案：

① 防网页篡改；② 电商抢购秒杀防护；③ 0 Day 漏洞爆发防护。

Jb0704531101　国网数据中台能力架构中数据接入能力包含哪些？（请至少写出两点）（10 分）

考核知识点：架构基础

难易度：易

标准答案：

① 数据复制；② ETL；③ 数据交换；④ 消息队列。

Jb0704531102　DataWorks 中工作流任务如果配置为周期性调度，所支持的周期包括哪些？（请至少写出两种）（10 分）

考核知识点：云平台基础

难易度：易

标准答案：

① 月调度；② 周调度；③ 天调度；④ 小时调度。

Jb0704531103　Ping 命令的目标可以有哪些？（请至少写出两种）（10 分）

考核知识点：网络基础

难易度：易

标准答案：

① IP 地址；② 域名。

Jb0704531104　关闭数据库需进行哪些操作？（请至少写出两种）（10 分）

考核知识点：数据库基础

难易度：易

标准答案：

① 停止应用；② shutdown immediate；③ lsnrctl stop。

Jb0704531105　Esxi 主机支持哪些文件系统？（10 分）

考核知识点：虚拟化基础/容器基础

难易度：易

标准答案：

① VMFS；② NFS。

Jb0704531106　对云硬盘备份策略可以进行哪些操作？（请至少写出两种）（10 分）

考核知识点：云平台基础

难易度：易

标准答案：

① 删除备份策略；② 编辑备份策略；③ 为备份策略绑定或解绑云硬盘；④ 立即执行备份策略。

Jb0704531107　与通过路由器来实现三层包转发相比，三层交换具有哪些优点？（请至少写出两点）（10分）

考核知识点：网络基础

难易度：易

标准答案：

① 低时延；② 低花费。

Jb0704531108　FTP 协议常用到的端口号有哪些？（10分）

考核知识点：网络基础

难易度：易

标准答案：

① 20；② 21。

Jb0704531109　Oracle 数据库中，事务控制语言有哪些？（请至少写出两种）（10分）

考核知识点：数据库基础

难易度：易

标准答案：

① COMMIT；② SAVE POINT；③ POLL BACK。

Jb0704531110　初始化用户账号密码要求有哪些？（10分）

考核知识点：网络安全基础

难易度：易

标准答案：

由字母、数字及特殊字符组成的 8 位及以上密码。

Jb0704531111　Oracle 数据库中使用 Export 卸出数据有哪几种方式？（请至少写出两种）（10分）

考核知识点：数据库基础

难易度：易

标准答案：

① 表方式；② 文件方式；③ 用户方式。

Jb0704531112　Oracle 数据文件的扩展方式有哪些？（10分）

考核知识点：数据库基础

难易度：易

标准答案：

① 手动扩展；② 自动扩展。

Jb0704531113　Oracle 中，有哪些情况索引无效？（请至少写出两点）（10分）

考核知识点：数据库基础

难易度：易

标准答案：

① 使用函数；② 使用不匹配的数据类型。

Jb0704531114　IP 地址分为哪两字段？（10 分）

考核知识点：网络基础

难易度：易

标准答案：

① 网络号字段；② 主机号字段。

Jb0704531115　IPv6 地址可以分为哪几类？（10 分）

考核知识点：网络基础

难易度：易

标准答案：

① 单播地址；② 组播地址；③ 任意播地址。

Jb0704531116　VLAN 中接口类型有哪些？（10 分）

考核知识点：网络基础

难易度：易

标准答案：

① Access 端口；② Trunk 端口；③ Hybrid 端口。

Jb0704531117　MAC 地址表分类有哪些？（10 分）

考核知识点：网络基础

难易度：易

标准答案：

① 动态表项；② 静态表项；③ 黑洞表项。

Jb0704531118　给出一个 C 类网络 192.168.100.0/24，要在其中划分出 3 个 60 台主机的网段和 2 个 30 台主机的网段，则采用的子网掩码应该分别为多少？（10 分）

考核知识点：网络基础

难易度：易

标准答案：

① 255.255.255.192；② 255.255.255.224。

Jb0704531119　Proxy ARP 分为哪三类？（10 分）

考核知识点：网络基础

难易度：易

标准答案：

① 路由式 Proxy ARP；② VLAN 内 Proxy ARP；③ VLAN 间 Proxy ARP。

Jb0704531120　划分 VLAN 的方式有哪些？（10 分）

考核知识点：网络基础

难易度：易

标准答案：

① 基于端口划分；② 基于 IP 子网划分；③ 基于 MAC 地址划分。

Jb0704531121 请简述修改华为交换机设备名称为 Test 的过程及其命令。（10 分）

考核知识点：网络基础

难易度：易

标准答案：

① 进入视图模式：system-view；② 修改设备名称：sysname test。

Jb0704531122 请简述查看设备系统时间的命令。（10 分）

考核知识点：网络基础

难易度：易

标准答案：

display clock。

Jb0704531123 请简述查看设备版本信息的命令。（10 分）

考核知识点：网络基础

难易度：易

标准答案：

display version。

Jb0704531124 如何查看本机与主机 A（192.168.0.1）之间的连通性？（10 分）

考核知识点：主机基础

难易度：易

标准答案：

Ping 192.168.0.1。

Jb0704531125 哪里的边界应采用国家电网有限公司认可的隔离装置进行安全隔离？（10 分）

考核知识点：网络安全基础

难易度：易

标准答案：

① 管理信息内网与外网之间；② 管理信息大区与生产控制大区之间。

Jb0704531126 在信息系统上工作，保证安全的组织措施有哪些？（10 分）

考核知识点：规章制度

难易度：易

标准答案：

① 工作票制度；② 工作许可制度；③ 工作终结制度。

Jb0704531127 在信息系统上工作，保证安全的技术措施有哪些？（10 分）

考核知识点：网络安全基础

难易度：易

标准答案：

① 授权；② 备份；③ 验证。

Jb0704531128 创建 API 时，需要填写哪些信息？（请至少写出两点）（10 分）

考核知识点：网络基础

难易度：易

标准答案：

① API 名称；② API 目录；③ 请求 Path；④ 请求方法。

Jb0704532129 通过 Service OM 可以实现哪些操作？（请至少写出两种）（10 分）

考核知识点：运维基础

难易度：中

标准答案：

① 更换 RAID 卡；② 更换内存/GPU 卡；③ 配置日志服务器（SFS）；④ 完成告警清理。

Jb0704532130 使用虚拟转发组后，访问 vip 不通，直接访问 ecs 正常，可能的原因有哪些？（请至少写出两点）（10 分）

考核知识点：云平台基础

难易度：中

标准答案：

① 对应的 vip 监听没有关联虚拟组；② 虚拟组的端口和后端 ecs 的应用端口不一致。

Jb0704532131 在产品选型时，数据中台逻辑架构中共享层要重点关注产品的特点有哪些？（请至少写出两方面）（10 分）

考核知识点：架构基础

难易度：中

标准答案：

① 高效的访问能力；② 支持数据发放能力；③ 支持高效的数据更新、删除能力。

Jb0704532132 请写出三层交换机的特点。（请至少写出两点）（10 分）

考核知识点：网络基础

难易度：中

标准答案：

① 二层交换机的功能和路由器的功能在三层交换机中分别体现为二层 VLAN 转发引擎和三层转发引擎两个部分；② 三层转发引擎使用硬件 ASIC 技术实现高速的 IP 转发；③ 对应到 IP 网络模型中，每个 VLAN 对应一个 IP 网段，三层交换机中的三层转发引擎在各个网段间发报文，实现 VLAN 之间的互通。

Jb0704532133 请简述 DaemonSet 资源对象的特性。（10 分）

考核知识点：云平台基础

难易度：中

标准答案：

① 会在每个 K8s 集群中的节点上运行；② 每个节点只能运行一个 pod；③ 不支持定义 replicas。

Jb0704532134　在 WebLogic 中发布 ejb 需涉及哪些配置文件？（请至少写出两点）（10 分）

考核知识点： 中间件基础

难易度： 中

标准答案：

① ejb-jar.xml；② weblogic-ejb-jar.xml；③ weblogic-cmp-rdbms-jar.xml。

Jb0704532135　CDM 支持对已创建的连接进行哪些操作？（请至少写出两点）（10 分）

考核知识点： 大数据基础

难易度： 中

标准答案：

① 编辑；② 测试连通性；③ 删除连接。

Jb0704532136　互联网一次标准的网络层会话可以用五个元素来唯一标识，通常被称为"网络通信五元组"，在此基础之上可以对某些传输过程进行安全控制或防护。网络五元组由哪几部分组成？（10 分）

考核知识点： 网络基础

难易度： 中

标准答案：

① 源 IP 地址；② 目的 IP 地址；③ 协议号；④ 源端口；⑤ 目的端口。

Jb0704532137　在同一 WebLogic 下可以配置多个 domain，WebLogic 的 Domain 配置有哪些方式？（请至少写出两点）（10 分）

考核知识点： 中间件基础

难易度： 中

标准答案：

① 字符界面；② Silent 模式；③ 图形界面。

Jb0704532138　Oracle 中的三种系统文件分别有哪些？（请至少写出两点）（10 分）

考核知识点： 数据库基础

难易度： 中

标准答案：

① 数据文件 DBF；② 控制文件 CTL；③ 日志文件 LOG。

Jb0704532139　Windows 日志文件包括哪些？（请至少写出两点）（10 分）

考核知识点： 主机基础

难易度： 中

标准答案：

① 应用程序日志；② 安全日志；③ 系统日志。

Jb0704532140　Wlan 的加密方式有哪些？（请至少写出两点）（10 分）

考核知识点： 主机基础

难易度： 中

标准答案：

① WEP；② WAP；③ WPA2；④ WPA2-PSK。

Jb0704532141 Oracle 中，表名应该严格遵循的命名规则有哪些？（请至少写出两点）（10 分）

考核知识点：数据库基础

难易度：中

标准答案：

① 同一用户模式下的不同表不能具有相同的名称；② 不能使用 Oracle 保留字来为表命名。

Jb0704532142 当 IC Agent 无法采集资源的指标时，资源状态为通道静默，可能的原因有哪些？（请至少写出两点）（10 分）

考核知识点：网络基础

难易度：中

标准答案：

① IC Agent 问题；② 资源被删除或被停止；③ 主机本地时间与 NTP 服务器时间不同步；④ AOM 不支持监控当前资源类型。

Jb0704532143 Wlan 通信协议标准包括哪些？（请至少写出两点）（10 分）

考核知识点：主机基础

难易度：中

标准答案：

① 802.11B；② 802.11G；③ 802.11N；④ 802.11P。

Jb0704532144 安全策略所涉及的方面有哪些？（请至少写出两点）（10 分）

考核知识点：主机基础

难易度：中

标准答案：

① 物理安全策略；② 访问控制策略；③ 信息加密策略。

Jb0704532145 云计算体系结构中的安全管理包括哪些？（请至少写出两点）（10 分）

考核知识点：云平台基础

难易度：中

标准答案：

① 身份认证；② 访问授权；③ 安全审计。

Jb0704532146 云架构包含哪些内容？（请至少写出两点）（10 分）

考核知识点：云平台基础

难易度：中

标准答案：

① 基础设施层；② 应用层；③ 平台层。

Jb0704532147 请在 DOS 命令行下添加用户名为 Hack，密码为 123 的用户。（10 分）

考核知识点： 主机基础

难易度： 中

标准答案：

① net user Hack Add；② net user Hacke 123。

Jb0704532148 操作系统的结构设计应追求的设计目标是哪些？（请至少写出两点）（10 分）

考核知识点： 虚拟化基础/容器基础

难易度： 中

标准答案：

① 确性；② 高效性；③ 维护性。

Jb0704532149 分布式缓存服务（Redis）的优势包括哪些？（请至少写出两点）（10 分）

考核知识点： 网络基础

难易度： 中

标准答案：

① 即开即用；② 丰富的缓存规格；③ 稳定可靠；④ 易维护。

Jb0704532150 写出"修改设备系统时间为 12:00:00 2018–01–01"的命令。（10 分）

考核知识点： 网络基础

难易度： 中

标准答案：

clock datetime 12:00:00 2018–01–01。

Jb0704532151 写出"Linux 下查看本机与主机 A（192.168.0.2）之间的路由"的命令。（10 分）

考核知识点： 主机基础

难易度： 中

标准答案：

traceroute 192.168.0.2。

Jb0704532152 从 test 表中，检索人名为 admin 的数据行。（10 分）

考核知识点： 数据库基础

难易度： 中

标准答案：

select*from test where name = "admin"；。

Jb0704532153 弹性 IP 的优势有哪些？（请至少写出两种）（10 分）

考核知识点： 网络基础

难易度： 中

标准答案：

① 用户可以将弹性 IP 绑定到 ECS 或 BMS 上，绑定后的 ECS 或 BMS 即可连接外网；② 用户可以为虚拟 IP 地址绑定一个弹性 IP，从外网可以访问后端绑定了同一个虚拟 IP 地址的多个主备部署的

弹性云服务器，增强容灾性能；③ 用户可以为负载均衡器绑定弹性 IP，可以接收来自外网的访问请求并将请求自动分发到添加的多台弹性云服务器。

Jb0704533154 Oracle 在遇到坏块时，正确的处理方式有哪些？（请至少写出两点）（10 分）

考核知识点：数据库基础

难易度：难

标准答案：

① 如果损坏的对象是索引，重建索引；② 使用备份进行恢复；③ 使用 10231 或 DBMS_REPAIR 跳过坏块，然后用 EXP 导出表重新建立新表。

Jb0704533155 ECS 怎样克隆一台一模一样的实例？（请至少写出两点）（10 分）

考核知识点：云平台基础

难易度：难

标准答案：

① 对已经配置完成的数据盘进行打快照，然后在购买或者升级页面，添加磁盘的地方点："用快照创建磁盘"，选择需要的快照即可；② 通过创建自定义镜像的方式，创建一个自定义镜像，然后使用这个自定义镜像创建 ECS 即可。

Jb0704533156 账号登录策略有哪些？（请至少写出两点）（10 分）

考核知识点：网络安全

难易度：难

标准答案：

① 用户锁定时长；② 用户锁定统计周期；③ 会话超时策略。

Jb0704533157 操作系统的动态分区管理内存分配算法有哪些？（请至少写出两点）（10 分）

考核知识点：主机基础

难易度：难

标准答案：

① 首次适应算法；② 循环首次适应算法；③ 最佳适应算法。

Jb0704533158 在华为云服务管理中，哪些用户可以对服务进行上线、下线操作？（请至少写出两点）（10 分）

考核知识点：云平台基础

难易度：难

标准答案：

① VDC 管理员；② 超级管理员。

Jb0704533159 在 SQL 语言中授权的操作不能通过什么语句实现？（请至少写出两点）（10 分）

考核知识点：数据库基础

难易度：难

标准答案：

① CREATE；② REVOKE；③ INSERT。

Jb0704533160 DataWorks 中，工作流任务支持的调度类型包括哪些？（请至少写出两点）（10分）

考核知识点：云平台基础

难易度：难

标准答案：

① 一次性调度；② 周期调度。

Jb0704533161 常见的域名服务器种类有哪些？（请至少写出两点）（10分）

考核知识点：主机基础

难易度：难

标准答案：

① 根（root）服务器；② 主域名服务器；③ 辅助域名服务器；④ 专用缓存域名服务器。

Jb0704533162 IPSAN 的优点包括哪些？（请至少写出两点）（10分）

考核知识点：网络基础

难易度：难

标准答案：

① 实现弹性扩展的存储网络，能自适应应用的改变；② 已经验证的传输设备保证运行的可靠性；③ 以太网从 1G 向 10G 及更高速过渡，只需通过简单的升级便可得到极大的性能提升。

Jb0704533163 OSPF 中虚链路不能穿过哪些区域？（请至少写出两点）（10分）

考核知识点：网络基础

难易度：难

标准答案：

① NSSA 区域；② STUB 区域。

Jb0704533164 UDP 协议在 IP 层之上不能提供哪些功能？（请至少写出两点）（10分）

考核知识点：网络基础

难易度：难

标准答案：

① 连接管理；② 差错校验和重传；③ 流量控制。

Jb0704533165 对打印机进行 I/O 控制时，通常采用什么方式对硬盘的 I/O 进行控制？（10分）

考核知识点：主机基础

难易度：难

标准答案：

① 中断驱动；② DMA。

Jb0704533166 管理员的哪些任务与管理主机有关？（请至少写出两点）（10分）

考核知识点：主机基础

难易度：难

标准答案：

① 创建安全策略；② 监控性能。

Jb0704533167 国家电网有限公司目录典型设计中规划的目录有哪些？（请至少写出两点）（10分）

考核知识点：中间件基础

难易度：难

标准答案：

① 身份目录；② 认证目录；③ 企业资源目录。

Jb0704533168 数据库版本升级前应测试数据库与什么间的兼容性？（10分）

考核知识点：网络安全基础

难易度：难

标准答案：

① 操作系统；② 业务系统。

Jb0704533169 业务系统升级或配置更改前，应备份哪些内容？（10分）

考核知识点：网络安全基础

难易度：难

标准答案：

① 业务系统软件；② 配置文件。

Jb0704533170 Windows Server 系统是人们非常熟悉的服务器操作系统，其优点有哪些？（请至少写出两点）（10分）

考核知识点：主机基础

难易度：难

标准答案：

① 适合做服务平台；② 有丰富的软件支持。

Jb0704533171 裸金属服务器的使用限制有哪些？（请至少写出两点）（10分）

考核知识点：云平台基础

难易度：难

标准答案：

① 禁止修改网络相关的配置，否则可能导致无法连接裸金属服务器；② 对操作系统进行升级或打补丁，需从云服务商处获取相应的 OS 文件；③ 裸金属服务只支持从现有的操作系统进行升级或打补丁操作，不支持对已有的裸金属服务器重装操作系统；④ 在裸金属服务器上安装 Oracle RAC 时请不要启用 Highly Available IP（HAIP）特性。

第二章　信息运维检修工初级工技能操作

Jc0704541001　在 Oracle 数据库中查询数据库归档是否启用。（100 分）

考核知识点： 数据库基础

难易度： 易

技能等级评价专业技能考核操作工作任务书

一、任务名称

在 Oracle 数据库中查询数据库归档是否启用。

二、适用工种

信息运维检修工初级工。

三、具体任务

查询数据库归档是否启用。

四、工作规范及要求

要求单人操作完成。

五、考核及时间要求

本考核操作时间为 30 分钟，包括测试验证时间，时间到停止考核。

技能等级评价专业技能考核操作评分标准

工种	信息运维检修工			评价等级	初级工
项目模块	数据库基础—Oracle 归档查询		编号		Jc0704541001
单位		准考证号		姓名	
考试时限	30 分钟	题型	单项操作	题分	100 分
成绩		考评员	考评组长	日期	
试题正文	在 Oracle 数据库中查询数据库归档是否启用				
需要说明的问题和要求	独立完成 Oracle 数据库归档操作				

序号	项目名称	质量要求	满分	扣分标准	扣分原因	得分
1	查询归档	按要求完成查询归档	100	归档是否启用未查询成功，扣 100 分		
	合计		100			

Jc0704541002　Oracle 用户授权。（100 分）

考核知识点： 数据库基础

难易度： 易

技能等级评价专业技能考核操作工作任务书

一、任务名称

Oracle 用户授权。

二、适用工种

信息运维检修工初级工。

三、具体任务

在 Oracle 数据库中，给用户名为 testa 的账户授予 connect 和 resource 权限。

四、工作规范及要求

要求单人操作完成。

五、考核及时间要求

本考核操作时间为 30 分钟，包括测试验证时间，时间到停止考核。

技能等级评价专业技能考核操作评分标准

工种	信息运维检修工				评价等级	初级工
项目模块	数据库基础—Oracle 用户授权			编号		Jc0704541002
单位			准考证号		姓名	
考试时限	30 分钟	题型		单项操作	题分	100 分
成绩		考评员		考评组长	日期	
试题正文	Oracle 用户授权					
需要说明的问题和要求	独立完成 Oracle 用户授权					

序号	项目名称	质量要求	满分	扣分标准	扣分原因	得分
1	用户授权	按要求完成用户授权	100	用户未授权成功,扣 100 分;connect 权限未授权成功,扣 50 分;resource 权限未授权成功,扣 50 分;扣完为止		
	合计		100			

Jc0704542003 创建虚拟机。（100 分）

考核知识点： 虚拟化基础

难易度： 中

技能等级评价专业技能考核操作工作任务书

一、任务名称

创建虚拟机。

二、适用工种

信息运维检修工初级工。

三、具体任务

在 VMware 资源池中创建一台虚拟机。

四、工作规范及要求

要求单人操作完成。

五、考核及时间要求

本考核操作时间为 30 分钟，包括测试验证时间，时间到停止考核。

技能等级评价专业技能考核操作评分标准

工种	信息运维检修工			评价等级	初级工
项目模块	虚拟化基础—创建虚拟机		编号		Jc0704542003
单位		准考证号		姓名	
考试时限	30 分钟	题型	单项操作	题分	100 分
成绩		考评员	考评组长	日期	
试题正文	创建虚拟机				
需要说明的问题和要求	独立完成虚拟机创建				

序号	项目名称	质量要求	满分	扣分标准	扣分原因	得分
1	创建虚拟机	按要求完成创建	100	创建未完成，扣 100 分		
	合计		100			

Jc0704543004　交换机端口类型基本配置、端口类型配置查询。（100 分）

考核知识点： 主机基础

难易度： 难

技能等级评价专业技能考核操作工作任务书

一、任务名称

交换机端口类型基本配置、端口类型配置查询。

二、适用工种

信息运维检修工初级工。

三、具体任务

（1）交换机端口 access 配置。

（2）交换机端口 trunk 配置。

（3）交换机端口 hybrid 配置。

（4）交换机端口查询。

四、工作规范及要求

根据题目要求进行配置，单人操作完成。

五、考核及时间要求

（1）本考核操作时间为 15 分钟，包括报告整理时间，时间到停止考核。

（2）问题查找和排除过程中，如确实不能查找出问题，可向考评员申请排除问题，该项问题项目不得分，但不影响其他项目。

技能等级评价专业技能考核操作评分标准

工种	信息运维检修工		评价等级	初级工
项目模块	主机基础—交换机端口配置	编号		Jc0704543004
单位		准考证号	姓名	

续表

考试时限	15分钟	题型		单项操作		题分	100分
成绩		考评员		考评组长		日期	
试题正文	交换机端口类型基本配置、端口类型配置查询						
需要说明的问题和要求	独立完成交换机端口配置						

序号	项目名称	质量要求	满分	扣分标准	扣分原因	得分
1	交换机端口类型 access/trunk/hybrid 配置及端口查询					
1.1	交换机端口 access 配置	交换机端口类型配置正确	25	交换机端口配置不正确或无配置，扣25分		
1.2	交换机端口 trunk 配置	交换机端口类型配置正确	25	交换机端口配置不正确或无配置，扣25分		
1.3	交换机端口 hybrid 配置	交换机端口类型配置正确	25	交换机端口配置不正确或无配置，扣25分		
1.4	交换机端口查询	交换机端口配置查询操作正确	25	交换机端口配置查询操作命令不正确，扣25分		
	合计		100			

Jc0704543005　交换机开启 STP 模式，BPDU 保护配置并进行配置查询。（100 分）

考核知识点：主机基础

难易度：难

技能等级评价专业技能考核操作工作任务书

一、任务名称

交换机开启 STP 模式，BPDU 保护配置并进行配置查询。

二、适用工种

信息运维检修工初级工。

三、具体任务

（1）登录交换机，检查 STP 模式是否开启。

（2）交换机生成树协议 STP 模式开启配置。

（3）交换机 BPDU 保护配置。

（4）交换机生成树 STP 模式配置查询。

（5）交换机 BPDU 保护配置查询。

四、工作规范及要求

根据题目要求进行配置，单人操作完成。

五、考核及时间要求

（1）本考核操作时间为 15 分钟，包括报告整理时间，时间到停止考核。

（2）问题查找和排除过程中，如确实不能查找出问题，可向考评员申请排除问题，该项问题项目不得分，但不影响其他项目。

技能等级评价专业技能考核操作评分标准

工种	信息运维检修工			评价等级	初级工
项目模块	主机基础—交换机开启 STP 模式，BPDU 保护配置		编号		Jc0704543005
单位		准考证号		姓名	
考试时限	15 分钟	题型	单项操作	题分	100 分
成绩		考评员	考评组长	日期	
试题正文	交换机开启 STP 模式，BPDU 保护配置并进行配置查询				
需要说明的问题和要求	独立完成交换机 STP 模式，BPDU 保护配置				

序号	项目名称	质量要求	满分	扣分标准	扣分原因	得分
1	交换机 STP 协议配置					
1.1	登录交换机，检查 STP 模式是否开启	正确使用命令查询设备 STP 是否开启	20	登录交换机，查询 STP 模式是否开启，遗漏 1 项扣 10 分，扣完为止		
1.2	交换机生成树协议 STP 模式开启配置	正确配置交换机生成树协议	20	交换机生成树 STP 模式未开启，扣 20 分		
1.3	交换机 BPDU 保护配置	正确配置 BPDU 保护	20	交换机 BPDU 保护未配置，扣 20 分		
1.4	交换机生成树 STP 模式配置查询	正确使用命令查询设备 STP 模式配置	20	未正确查询交换机生成树 STP 模式，扣 20 分		
1.5	交换机 BPDU 保护配置查询	正确使用命令查询设备 BPDU 保护配置	20	未正确查询交换机 BPDU 保护配置，扣 20 分		
	合计		100			

Jc0704523006　交换机以太网端口镜像配置。（100 分）

考核知识点：网络基础

难易度：难

技能等级评价专业技能考核操作工作任务书

一、任务名称

交换机以太网端口镜像配置。

二、适用工种

信息运维检修工初级工。

三、具体任务

以太网端口镜像拓扑图如图 Jc0704523006 所示。一台监控 PC 连接到了交换机的 GE0/0/5 口，并开启报文分析工具。现在欲对交换机 GE0/0/24 的入站报文做分析，在交换机上做端口镜像，将 GE0/0/24 接口处理的报文镜像到 GE0/0/5 上，并将 GE0/0/24 下挂设备流量信息进行抓包展示。

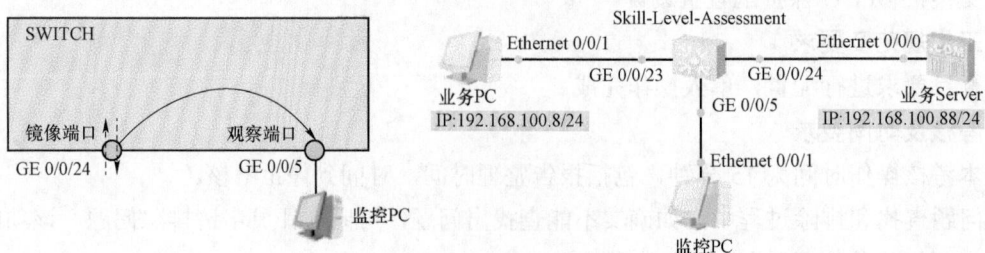

图 Jc0704523006

四、工作规范及要求

根据题目要求进行配置，单人操作完成。

五、考核及时间要求

（1）本考核操作时间为30分钟，包括报告整理时间，时间到停止考核。

（2）在相关要求配置/查询项目中，如确实不能按要求完成内容，可直接跳过或向考评员申请指导，该项目不得分，但不影响其他项目评分。

技能等级评价专业技能考核操作评分标准

工种	信息运维检修工			评价等级	初级工
项目模块	网络基础—交换机以太网端口镜像配置		编号	Jc0704523006	
单位		准考证号		姓名	
考试时限	30分钟	题型	单项操作	题分	100分
成绩		考评员	考评组长		日期
试题正文	交换机以太网端口镜像配置				
需要说明的问题和要求	独立完成交换机以太网端口镜像配置，并符合下列要求				

序号	项目名称	质量要求	满分	扣分标准	扣分原因	得分
1	以太网端口镜像					
1.1	修改设备名称	将设备名称修改为 Skill-Level-Assessment	5	未按要求修改设备名称，扣5分		
1.2	配置 VLAN88	创建 VLAN88	5	未按要求配置，扣5分		
1.3	配置 VLAN88 地址	将 VLAN88 地址设置为 192.168.100.254/24	5	未按要求配置地址，扣5分		
1.4	下挂设备端口配置	下挂业务 PC 和业务 Server 端口透传 VLAN88	15	端口类型未配置为 Access，扣5分；端口未按要求透传 VLAN，扣10分		
1.5	终端地址配置	给业务 PC 和业务 Server 分别配置 192.168.100.8/24 和 192.168.100.88/24	10	未配置网关，扣5分；掩码未配置正确，扣5分		
1.6	测通	业务 PC 上 ping 业务 Server	10	业务 PC 无法 ping 通业务 Server，扣10分		
1.7	设置源镜像端口	将 G0/0/24 口设置为源镜像端口	10	未按要求配置，扣10分		
1.8	设置目的镜像端口	将 G0/0/5 口设置为目的镜像端口	10	未按要求配置，扣10分		
1.9	源镜像端口抓包	业务 PC 长 ping 业务 Server，同时在源镜像端口抓包，出现访问数据	10	未按要求抓包，扣5分；所抓包未出现业务 PC 访问业务 Server 日志，扣5分		
1.10	目的镜像端口抓包	业务 PC 长 ping 业务 Server，同时在目的镜像端口抓包，出现访问数据	20	未按要求抓包，扣5分；所抓包未出现业务 PC 访问务 Server 日志，扣15分		
	合计		100			

Jc0704523007　交换机基本工作状态检查、基本配置检查、性能检查。（100分）

考核知识点： 主机基础

难易度： 难

技能等级评价专业技能考核操作工作任务书

一、任务名称

交换机基本工作状态检查、基本配置检查、性能检查。

二、适用工种

信息运维检修工初级工。

三、具体任务

基础配置测试拓扑图如图 Jc0704523007 所示，请对交换机的设备名称、系统时间、系统时区、端口信息和 Console 登录认证进行配置；并完成相关配置信息、设备状态信息的查看和导出。

GE 0/0/1   GE 0/0/1

Skill-Level-Assessment-A   Skill-Level-Assessment-B

图 Jc0704523007

四、工作规范及要求

根据题目要求进行配置，单人操作完成。

五、考核及时间要求

（1）本考核操作时间为 15 分钟，包括报告整理时间，时间到停止考核。

（2）在相关要求配置/查询项目中，如确实不能按要求完成内容，可直接跳过或向考评员申请指导，该项目不得分，但不影响其他项目评分。

技能等级评价专业技能考核操作评分标准

工种	信息运维检修工				评价等级	初级工	
项目模块	主机基础—交换机基本配置			编号		Jc0704523007	
单位			准考证号			姓名	
考试时限	15 分钟	题型		单项操作		题分	100 分
成绩		考评员		考评组长		日期	
试题正文	交换机基本工作状态检查、基本配置检查、性能检查						
需要说明的问题和要求	独立完成交换机基本配置						

序号	项目名称	质量要求	满分	扣分标准	扣分原因	得分
1	设备基础配置					
1.1	Console 登录	通过 Console 接口成功登录设备	10	未成功登录，扣 10 分		
1.2	查看系统信息	通过命令打印出当前设备版本信息	5	未输出版本信息，扣 5 分		
1.3	修改系统时间	配置时区为 BeiJing UTC＋8，将时间设置为 2017 年 6 月 1 日 00:00:00	10	未按要求配置时区，扣 5 分；未按要求配置时间，扣 5 分		
1.4	修改设备名称	将设备名称修改为 Skill-Level-Assessment-A 和 Skill-Level-Assessment-B	5	未按要求修改设备名称，扣 5 分		
1.5	配置登录信息	配置登录标语为"Welcome to Skills Level Assessment Test"	5	未按要求配置登录标语，扣 5 分		

续表

序号	项目名称	质量要求	满分	扣分标准	扣分原因	得分
1.6	配置 Console 接口登录认证参数	配置 Console，用户名为 Netlab，密码为 NetSec@2019，配置空闲超时 1 分钟自动退出	30	未成功配置登录密码认证，扣 15 分；未按要求配置登录认证，扣 15 分		
1.7	配置接口 IP 地址和描述信息	为直连的两台交换机配掩码为 30 位的互联端口地址	20	未按要求配置端口地址信息，扣 20 分		
1.8	保存更新配置文件	将配置文件进行保存	5	未保存配置文件，扣 5 分		
1.9	设备重启	通过命令重启设备	5	未按要求重启设备，扣 5 分		
1.10	配置导出	将配置信息导出	5	未按要求将配置文件导出，扣 5 分		
	合计		100			

第二部分
中级工

第三章 信息运维检修工中级工技能笔答

单 选 题

Jb0704471001 （　　　）命令可以在 Linux 的安全系统中完成文件向磁带备份的工作。（3分）

A. cp　　　　　　　　B. tr　　　　　　　　C. dir　　　　　　　　D. cpio

考核知识点：主机基础

难易度：易

标准答案：B

Jb0704471002 职责分离是网络安全基础管理的一个基本概念，其关键是权力不能过分集中在某一个人手中，职责分离的目的是确保没有单独的人员（单独进行操作）可以对应用程序系统特征或控制功能进行破坏。当以下（　　　）访问安全系统软件的时候，会造成对"职责分离"原则的违背？（3分）

A. 数据安全管理员　　B. 数据安全分析员　　C. 系统审核员　　　　D. 系统程序员

考核知识点：网络安全基础

难易度：易

标准答案：D

Jb0704471003 ISO9000 标准系列着重于以下哪方面（　　　）？（3分）

A. 产品　　　　　　　B. 加工处理过程　　　C. 原材料　　　　　　D. 生产厂家

考核知识点：网络安全基础

难易度：易

标准答案：B

Jb0704471004 （　　　）命令将数据库实例切换到挂起状态。（3分）

A. ALTER SYSTEM SUSPEND　　　　　　　　B. ALTER DATABASE SUSPEND

C. ALTER SYSTEM QUIESCERESTRICTED　　　D. ALTER SYSTE MOFFLINE

考核知识点：数据库基础

难易度：易

标准答案：A

Jb0704471005 《国家电网有限公司信息系统上下线管理办法》规定，红线指标采用一票否决制，全部满足即可（　　　）。（3分）

A. 上线　　　　　　　B. 上线试运行　　　　C. 上线试运行验收　　D. 建转运

考核知识点：主机基础

难易度：易

标准答案：B

39

Jb0704471006 （   ）功能不是操作系统直接完成的功能。（3分）

A. 管理计算机硬盘　　B. 对程序进行编译　　C. 实现虚拟存储器　　D. 删除文件

考核知识点： 主机基础

难易度： 易

标准答案： B

Jb0704471007　Hardware 运行 WLS8.1，JVM1.4.1，若观察到系统性能下降，发现有连接不到 server 的连接，日志没有异常，CPU 正常，则应该考虑的问题是（   ）。（3分）

A. 增加 thread count　　B. 增加 heapsize　　C. 分离线程池　　D. 增加 backlog

考核知识点： 主机基础

难易度： 易

标准答案： D

Jb0704471008　Intel 交换机端口监听配置步骤错误的是（   ）。（3分）

A. 在 Navigation 菜单，点击 Statistics 下的 Source Port，弹出 Source Port 信息

B. 在 Configure Source 列中点击端口来选择源端口，弹出 Mirror Ports Configuration

C. 进行源端口设置

D. 源端口是镜像流量的来源口，镜像口是接收来自源端口流量的端口

考核知识点： 网络基础

难易度： 易

标准答案： A

Jb0704471009　Linux 查看当前磁盘的挂载情况的命令为（   ）。（3分）

A. df　　　　　　B. ps　　　　　　C. top　　　　　　D. yum

考核知识点： 主机基础

难易度： 易

标准答案： A

Jb0704471010　Linux 添加 FTP 服务自启动的方法为（   ）。（3分）

A. service vsftpd start　　B. service vsftpd off　　C. service vsftpd on　　D. chkconfig vsftpd on

考核知识点： 主机基础

难易度： 易

标准答案： D

Jb0704471011　Linux 修改 FTP 用户（ftp）的密码的方法为（   ）。（3分）

A. passwd ftp　　　B. pass ftp　　　C. password ftp　　　D. vim ftp

考核知识点： 主机基础

难易度： 易

标准答案： A

Jb0704471012 （   ）是标准以太网的标准。（3分）

A. IEEE802.3　　　B. IEEE802.3u　　　C. IEEE802.3z/ab　　　D. IEEE802.3ae

考核知识点：网络基础

难易度：易

标准答案：A

Jb0704471013　SNMP 网络管理中，被管理设备向管理工作站发送 TRAP 消息时使用的是（　　）端口号。（3分）

A. UDP 161　　　　　B. TCP 161　　　　　C. UDP 162　　　　　D. TCP 162

考核知识点：网络基础

难易度：易

标准答案：C

Jb0704471014　Tomcat 服务器的默认端口号为（　　　）。（3分）

A. 8001　　　　　B. 8002　　　　　C. 8080　　　　　D. 80

考核知识点：中间件基础

难易度：易

标准答案：C

Jb0704471015　UNIX 操作系统中显示磁盘空间使用情况的命令为（　　　）。（3分）

A. df　　　　　B. mv　　　　　C. cp　　　　　D. rm

考核知识点：主机基础

难易度：易

标准答案：A

Jb0704471016　VMXNET3 的正确定义是（　　　）。（3分）

A. 用于隔离位于同一个已隔离 VLAN 中的各虚拟机间的流量

B. 用于指定分布式交换机中每个成员端口的端口配置选项

C. VMXNET3 是通过 VMware Tools 实现的第三代模拟虚拟网卡

D. 可让虚拟机中的设备驱动程序绕过虚拟化层，直接访问和控制物理设备

考核知识点：主机基础

难易度：易

标准答案：C

Jb0704471017　（　　　　）是指在接入网中采用光纤作为主要传输媒介来实现信息传送的网络形式。（3分）

A. 铜线接入网　　　B. 混合光纤接入网　　　C. 同轴电缆接入网　　　D. 光纤接入网

考核知识点：网络基础

难易度：易

标准答案：D

Jb0704471018　《中华人民共和国保守国家秘密法》第二章规定了国家秘密的范围和密级，国家秘密的密级分为（　　　）。（3分）

A."普密""商密"两个级别　　　　　　　　B."低级""高级"两个级别

C. "绝密""机密""秘密"三个级别　　　　D. "一密""二密""三密""四密"四个级别

考核知识点： 网络安全基础

难易度： 易

标准答案： C

Jb0704471019　7001 是 WebLogic 的（　　　　）的默认端口。（3分）

A. admin server　　　B. managed server　　　C. proxy　　　　D. node server

考核知识点： 中间件基础

难易度： 易

标准答案： A

Jb0704471020　"a"表原本是空表，执行下列语句后，以下（　　　）表述正确。（3分）

Insert into a values（1）;

Create table bas select*from a;

rollback;

A. a 表、b 表都没有数据　　　　　　　B. a 表、b 表都有一行数据

C. a 表有数据，b 表没有数据　　　　　D. a 表没有数据，b 表有数据

考核知识点： 数据库基础

难易度： 易

标准答案： A

Jb0704471021　192.168.10.33/255.255.255.248 的广播地址是（　　　）。（3分）

A. 192.168.10.39　　B. 192.168.255.255　　C. 192.168.10.255　　D. 192.168.10.40

考核知识点： 网络基础

难易度： 易

标准答案： A

Jb0704472022　（　　　）是私有云计算基础架构的基石。（3分）

A. 虚拟化　　　　　B. 分布式　　　　　C. 并行　　　　　D. 集中式

考核知识点： 云平台基础

难易度： 中

标准答案： A

Jb0704472023　CA 属于 ISO 安全体系结构中定义的（　　　）。（3分）

A. 认证交换机制　　　　　　　　　　B. 通信业务填充机制

C. 路由控制机制　　　　　　　　　　D. 公证机制

考核知识点： 网络安全基础

难易度： 中

标准答案： D

Jb0704472024　CC 中安全功能/保证要求的三层结构按照由大到小的顺序是（　　　）。（3分）

A. 类、子类、组件　　　　　　　　　B. 组件、子类、元素

C. 类、子类、元素　　　　　　　　　　　　D. 子类、组件、元素

考核知识点：网络安全基础

难易度：中

标准答案：A

Jb0704472025　Code Red 爆发于 2001 年 7 月，利用微软的 IIS 漏洞在 Web 服务器之间传播。针对这一漏洞，微软早在 2001 年 3 月就发布了相关的补丁，如果今天服务器仍然感染 Code Red，那么属于哪个阶段的问题？（　　　）（3 分）

A. 微软公司软件的实现阶段的失误　　　　　B. 微软公司软件的设计阶段的失误

C. 最终用户使用阶段的失误　　　　　　　　D. 系统管理员维护阶段的失误

考核知识点：中间件基础

难易度：中

标准答案：D

Jb0704472026　Oracle 数据库运行在（　　　　）模式时启用 ARCH 进程。（3 分）

A. PARALLEL Mode　　　　　　　　　　　B. ARCHIVELOG Mode

C. NOARCHIVELOG Mode　　　　　　　　D. RAC Mode

考核知识点：数据库基础

难易度：中

标准答案：B

Jb0704472027　Cognos 8 PowerPlay 的功能不包括（　　　　）。（3 分）

A. 数据钻取　　　　B. 数据切片　　　　C. 数据旋转　　　　D. 建仪表盘

考核知识点：主机基础

难易度：中

标准答案：D

Jb0704472028　WebLogic 和 Webshpere 调优过程中不涉及的方面是（　　　　）。（3 分）

A. JVM 内存　　　　　　　　　　　　　　B. 线程数量

C. 操作系统共享内存大小　　　　　　　　　D. 文件系统大小

考核知识点：中间件基础

难易度：中

标准答案：D

Jb0704472029　Windows 系统中用户组不包括（　　　　）。（3 分）

A. 全局组　　　　　B. 本地组　　　　　C. 特殊组　　　　　D. 标准组

考核知识点：主机基础

难易度：中

标准答案：D

Jb0704472030　关于 OpenStack 运营运维类描述正确的是（　　　　）。（3 分）

A. 为 OpenStack 系统提供构建、部署、生命周期管理等功能

B. 为 OpenStack 的运维提供辅助工具，包括系统监控，优化、计费、多区域管理

C. 为 OpenStack 提供开放的 AP，通过 SDN 可以对系统进行定制化开发

D. 是整个 OpenStack 架构中最核心的部分，包括计算、存储、网络、公共服务、大数据等功能，提供了云计算的大部分的服务

考核知识点： 云平台基础

难易度： 中

标准答案： B

Jb0704472031 下面（　　）数据保护方法结合提供了最短的数据有效停机周期和最少丢失数据数量。（3分）

A. 虚拟磁带库和 write-to-disk　　　　B. 本地数据复制

C. 远端异步的护具复制　　　　D. 远端同步数据复制和集群

考核知识点： 主机基础

难易度： 中

标准答案： D

Jb0704472032 K8s-yaml 查看 deployment 的命令是（　　）。（3分）

A. kubectl get deploy　　B. kubectl deploy　　C. kubectl get-deploy　　D. kubectl-deploy

考核知识点： 主机基础

难易度： 中

标准答案： A

Jb0704472033 Linux 文件权限共 10 位长度，分 4 段，第 3 段表示的内容是（　　）。（3分）

A. 文件类型　　　　B. 文件所有者权限

C. 文件所有者所在组的权限　　　　D. 其他用户的权限

考核知识点： 主机基础

难易度： 中

标准答案： C

Jb0704472034 Linux 环境下，SSH 服务的配置文件是（　　）。（3分）

A. /etc/sshconf　　　B. /etc/sshd_config　　　C. /etc/ssh/sshconf　　　D. /etc/ssh/sshd_config

考核知识点： 主机基础

难易度： 中

标准答案： D

Jb0704472035 Oracle 创建表空间时，创建表空间的对象的默认存储参数中，INITIAL 参数和（　　）参数通常大小相同。（3分）

A. MAX EXTENTS　　B. NEXT　　　C. MIN EXTENTS　　D. PCTINCREASE

考核知识点： 数据库基础

难易度： 中

标准答案： B

Jb0704473036　root 用户可以使用（　　　）命令向所有用户发送消息。（3分）

A. talk　　　　　　　　B. wall　　　　　　　　C. send　　　　　　　　D. write

考核知识点：主机基础

难易度：难

标准答案：B

Jb0704473037　UPS 是英文 uninterruptible power supply 的缩写，中文译为（　　　）。（3分）

A. 不间断电源系统　　B. 稳压电源系统　　C. 双电源互投　　D. 发电机组

考核知识点：主机基础

难易度：难

标准答案：A

Jb0704473038　Where 子句的条件表达式中，可以匹配单个字符的通配符是（　　　）。（3分）

A. *　　　　　　　　　B. %　　　　　　　　　C. -　　　　　　　　　D. ?

考核知识点：数据库基础

难易度：难

标准答案：C

Jb0704473039　Oracle 数据库当数据实例失败的时候,（　　　）包含着提交的和没有提交的数据。（3分）

A. 控制文件　　　　　B. 在线日志文件　　C. 归档文件　　　　D. 数据文件

考核知识点：数据库基础

难易度：难

标准答案：B

多　选　题

Jb0704481040　下列选项中，关于 VLAN 的语句的叙述不正确的是（　　　）。（5分）

A. 虚拟局域网中继器 VTP 用于在路由器之间交换不同 VLAN 的信息

B. 为了抑制广播风暴，不同的 VLAN 之间必须用网桥分隔

C. 交换机的初始状态是工作在 VTP 服务器模式下，这样可以把配置信息广播给其他交换机

D. 一台计算机可以属于多个 VLAN，它既可以访问多个 VLAN，也可以被多个 VLAN 访问

考核知识点：网络基础

难易度：易

标准答案：ABC

Jb0704481041　两台路由器运行在 PPP 链路上，管理员在两台路由器上配置了 OSPF 单区域，且它们的 Router ID 相同，则下面描述错误的是（　　　）。（5分）

A. 两台路由器将建立正常的完全邻居关系

B. 系统会提示两台路由器的 Router ID 冲突

C. 两台路由器将会建立正常的完全邻接关系

D. 两台路由器将不会互相发送 hello 信息

考核知识点：网络基础

难易度：易

标准答案：ACD

Jb0704481042 Oracle 中，下列（　　　）存储结构是必需的（而不是可选的）SGA 部分。（5分）

A. 数据库高速缓存区　　　　　　　　　B. Java 池

C. 重做日志缓冲区　　　　　　　　　　D. 共享池

考核知识点：数据库基础

难易度：易

标准答案：ACD

Jb0704481043 关于硬件虚拟化描述正确的是（　　　）。（5分）

A. 硬件虚拟化是虚拟硬件环境

B. 硬件虚拟化只能虚拟和宿主机器一样的系统

C. 硬件虚拟化所虚拟出的系统和原系统相互独立

D. 硬件虚拟化对性能损耗相比系统虚拟化较低

考核知识点：主机基础

难易度：易

标准答案：BC

Jb0704481044 在 Word2007 中，关于替换操作说法正确的是（　　　）。（5分）

A. 可以替换文字　　　　　　　　　　　B. 可以替换格式

C. 只替换文字，不能替换格式　　　　　D. 格式和文字可以一起替换

考核知识点：主机基础

难易度：易

标准答案：ABD

Jb0704482045 以下（　　　）操作会导致自定义镜像制作失败。（5分）

A. 不设置自定义镜像名称　　　　　　　B. 选择数据盘快照制作

C. 不设置自定义镜像描述　　　　　　　D. 选择系统盘快照制作

考核知识点：主机基础

难易度：中

标准答案：ABC

Jb0704482046 在 NTP 客户端和服务器模式中，下列（　　　）的 NTP 验证组合可以成功同步。（5分）

A. NTP 客户端和服务器都使能验证

B. NTP 客户端和服务器都未使能验证

C. NTP 客户端使能验证，服务器端没有使能验证

D. NTP 客户端未使能验证，服务器端使能验证

考核知识点：主机基础

难易度：中

标准答案：ABD

Jb0704482047　不能把以下（　　　）运行级别设置为系统缺省运行级别。（5分）

A. 0　　　　　　　　　B. 3　　　　　　　　　C. 5　　　　　　　　　D. 6

考核知识点：主机基础

难易度：中

标准答案：AD

Jb0704482048　下列（　　　）只能在本区域传递 LSA。（5分）

A. Type1 LSA　　　　B. Type2 LSA　　　　C. Type3 LSA　　　　D. Type4 LSA

考核知识点：网络基础

难易度：中

标准答案：AB

Jb0704483049　云盾基础 DDoS 防护功能在管理控制台可以配置针对云服务器的流量清洗触发值，（　　　）达到任意一个值即开始流量清洗。（5分）

A. ECS 公网 IP 每秒接收的字节数（b）　　　　B. ECS 公网 IP 每秒发送的字节数（b）

C. ECS 公网 IP 每秒处理的报文数量（pps）　　D. ECS 公网 IP 每秒处理的流量值（bps）

考核知识点：云平台基础

难易度：难

标准答案：CD

Jb0704483050　以下属于 NTFS 标准权限的有（　　　）。（5分）

A. 修改　　　　　　　B. 完全控制　　　　　C. 删除　　　　　　　D. 读取

考核知识点：主机基础

难易度：难

标准答案：ABD

Jb0704483051　对表 SALES 进行修改约束操作：alter table sales modify constraint pk disable validate；关于该命令正确的说法是（　　　）。（5分）

A. 该约束仍然有效

B. 该约束上的索引被删除

C. 允许 SQL*Loader 加载数据到该表中

D. 新数据可以参照该约束，原有的数据不会影响

考核知识点：数据库基础

难易度：难

标准答案：ABC

Jb0704483052　下面（　　　）方法可以将字段添加到数据透视表中。（5分）

A. 勾选"数据透视表字段列表"任务窗格中相应字段

B. 拖拽字段到相应的编辑框中

C. 单击编辑框，在快捷菜单中选择相应命令

D. 用鼠标右键单击相应字段，在快捷菜单中选择相应命令

考核知识点： 数据库基础

难易度： 难

标准答案： ABD

判 断 题

Jb0704491053　当添加的资源为分区表时，MaxCompute 仅将整张表作为资源，不能将分区视为资源。(3分)

A. 对　　　　　　　　　　　　　　　　B. 错

考核知识点： 大数据基础

难易度： 易

标准答案： B

Jb0704491054　如果该安全组的入站规则是放通的，那么无论出站规则如何，都将允许入站请求的响应流量可以出站。(3分)

A. 对　　　　　　　　　　　　　　　　B. 错

考核知识点： 网络基础

难易度： 易

标准答案： A

Jb0704491055　信息化架构（SG-EA）中，业务职能和业务域的关系是：1 个业务职能包含多个业务域。(3分)

A. 对　　　　　　　　　　　　　　　　B. 错

考核知识点： 主机基础

难易度： 易

标准答案： B

Jb0704491056　MaxCompute 中，基于 package 的资源分享优先于数据保护（ProjectProtection = TRUE）。(3分)

A. 对　　　　　　　　　　　　　　　　B. 错

考核知识点： 大数据基础

难易度： 易

标准答案： A

Jb0704491057　MaxCompute Project 可以做到数据只能流入不能流出。(3分)

A. 对　　　　　　　　　　　　　　　　B. 错

考核知识点： 大数据基础

难易度： 易

标准答案： A

Jb0704491058　每个 Oracle 数据库至少有一个控制文件，用于维护数据库的元数据。(3分)

A. 对 B. 错

考核知识点：数据库基础

难易度：易

标准答案：A

Jb0704491059　流计算对不同的项目进行了严格的项目权限区分，不同用户/项目之间是无法进行访问、操作的。（3分）

A. 对 B. 错

考核知识点：大数据基础

难易度：易

标准答案：A

Jb0704491060　云服务器密码机（CHSM），即在云计算环境下，采用虚拟化技术，以网络形式，为单个租户的应用系统提供密码服务的密码设备。（3分）

A. 对 B. 错

考核知识点：云平台基础

难易度：易

标准答案：B

Jb0704491061　Analytic DB 是一个 Realtime OLAP 系统。（3分）

A. 对 B. 错

考核知识点：云平台基础

难易度：易

标准答案：A

Jb0704491062　在 Linux 中运行 reboot 可以重启计算机。（3分）

A. 对 B. 错

考核知识点：主机基础

难易度：易

标准答案：A

Jb0704491063　MaxCompute 适用于基于统计和机器学习的大数据统计和数据挖掘。（3分）

A. 对 B. 错

考核知识点：大数据基础

难易度：易

标准答案：A

Jb0704491064　设备独立性（或无关性）是指能独立实现设备共享的一种特性。（3分）

A. 对 B. 错

考核知识点：主机基础

难易度：易

标准答案：B

Jb0704491065　MaxCompute 中，如果目标表多级分区，在运行 Insert 语句时允许指定部分分区为静态，但是静态分区必须是高级分区。（3分）

A. 对　　　　　　　　　　　　　　　B. 错

考核知识点： 大数据基础

难易度： 易

标准答案： A

Jb0704491066　使用 create database 手工创建数据库的前提是要启动一个数据库实例到 nomount 状态。（3分）

A. 对　　　　　　　　　　　　　　　B. 错

考核知识点： 数据库基础

难易度： 易

标准答案： A

Jb0704491067　MaxCompute 中在一个 multi insert 中，对于分区表，同一个目标分区不允许出现多次。（3分）

A. 对　　　　　　　　　　　　　　　B. 错

考核知识点： 大数据基础

难易度： 易

标准答案： A

Jb0704491068　在信息系统的运行过程中，安全保护等级需要随着信息系统所处理的信息和业务状态的变化进行适当的变更。（3分）

A. 对　　　　　　　　　　　　　　　B. 错

考核知识点： 主机基础

难易度： 易

标准答案： A

Jb0704491069　MaxComputeMR 中不能只有 Map 没有 Reduce，即不支持 Map-Only。（3分）

A. 对　　　　　　　　　　　　　　　B. 错

考核知识点： 大数据基础

难易度： 易

标准答案： B

Jb0704491070　输入和输出设备是用来存储程序及数据的装置。（3分）

A. 对　　　　　　　　　　　　　　　B. 错

考核知识点： 主机基础

难易度： 易

标准答案： B

Jb0704491071　数据库安全服务支持华为云关系型数据库（RDS）、弹性云服务器（ECS）的自

建数据库、裸金属服务器（BMS）的自建数据库。（3分）

A. 对　　　　　　　　　　　　　　　B. 错

考核知识点：云平台基础

难易度：易

标准答案：A

Jb0704492072　用 A 镜像创建虚拟机后，可以删除 A 镜像，不影响虚拟机的使用。（3分）

A. 对　　　　　　　　　　　　　　　B. 错

考核知识点：主机基础

难易度：中

标准答案：A

Jb0704492073　数据核验可以通过自动和手动执行核验过程，可以选择 SQL 或存储过程。（3分）

A. 对　　　　　　　　　　　　　　　B. 错

考核知识点：数据库基础

难易度：中

标准答案：A

Jb0704492074　网络体系结构对实现所规定功能的硬件和软件有明确的定义。（3分）

A. 对　　　　　　　　　　　　　　　B. 错

考核知识点：网络基础

难易度：中

标准答案：B

Jb0704492075　MaxCompute 可以把 archive 文件当作资源，可以根据文件内容识别压缩文件的类型。（3分）

A. 对　　　　　　　　　　　　　　　B. 错

考核知识点：大数据基础

难易度：中

标准答案：B

Jb0704492076　MaxCompute 可以使用 Alter 命令修改分区列的列名，修改后对分区没有影响。（3分）

A. 对　　　　　　　　　　　　　　　B. 错

考核知识点：大数据基础

难易度：中

标准答案：B

Jb0704492077　虚拟局域网是指在交换局域网的基础上，通过配置交换机创建的可跨越不同网段、不同网络的逻辑网络。（3分）

A. 对　　　　　　　　　　　　　　　B. 错

考核知识点：网络基础

难易度：中

标准答案：A

Jb0704492078 在 Select 语句的 Where 子句中可以指定查询范围，这样可以仅仅扫描表的指定部分，避免全表扫描。（3分）

A．对　　　　　　　　　　　　　　　B．错

考核知识点：数据库基础

难易度：中

标准答案：B

Jb0704492079 在 SQL 中表达完整性约束的规则有多种形式，其主要约束有主键约束、外键约束、属性值约束和全局约束。（3分）

A．对　　　　　　　　　　　　　　　B．错

考核知识点：数据库基础

难易度：中

标准答案：A

Jb0704492080 在使用了 with grant option 选项为某个用户授予对象权限，如果取消该用户的对象权限，同时会级联取消被这个用户授予该权限的其他用户的相同权限。（3分）

A．对　　　　　　　　　　　　　　　B．错

考核知识点：主机基础

难易度：中

标准答案：A 对

Jb0704492081 只要把 DBA 角色赋予人和用户，那么他便可以管理数据库。（3分）

A．对　　　　　　　　　　　　　　　B．错

考核知识点：数据库基础

难易度：中

标准答案：B

Jb0704492082 在 OpenStack 中，一般使用 OpenvSwitch 作为虚拟交换机，而 VMWare 系统中的虚拟交换机的功能由 ESXi 的内核提供，只支持最基本的二层桥接，没有物理交换机的那些高级功能。（3分）

A．对　　　　　　　　　　　　　　　B．错

考核知识点：主机基础

难易度：中

标准答案：B

Jb0704492083 SaaS 是一种基于互联网提供软件服务的应用模式。（3分）

A．对　　　　　　　　　　　　　　　B．错

考核知识点：云平台基础

难易度：中

标准答案：A

Jb0704492084 "云" 计算服务可信性依赖于计算平台的安全性。（3分）

A. 对   B. 错

考核知识点：云平台基础

难易度：中

标准答案：B

Jb0704492085 中间件是一种独立的系统软件或服务程序，分布式应用软件借助这种软件在不同的技术之间共享资源。（3分）

A. 对   B. 错

考核知识点：中间件基础

难易度：中

标准答案：A

Jb0704492086 网络交换机可以有效地隔离广播风暴，减少错帧的出现，避免共享冲突。（3分）

A. 对   B. 错

考核知识点：网络基础

难易度：中

标准答案：B

Jb0704493087 无线传输介质按照所采用的传输技术可以分为 3 类：红外线局域网、窄带微波局域网和扩频无线局域网。（3分）

A. 对   B. 错

考核知识点：网络基础

难易度：难

标准答案：A

Jb0704493088 MaxCompute 在多控制集群情况下，每个控制集群会保存一份元数据。（3分）

A. 对   B. 错

考核知识点：大数据基础

难易度：难

标准答案：B

Jb0704493089 在 MaxCompute 中使用数据时，如果指定需要访问的分区名称，仍有可能进行全表扫描。（3分）

A. 对   B. 错

考核知识点：大数据基础

难易度：难

标准答案：B

Jb0704493090 MaxComputeSQL 中，隐式类型转换规则是有发生作用域的。在某些作用域中，只有一部分规则是可以生效的。（3分）

A. 对 　　　　　　　　　　　　　　　B. 错

考核知识点：大数据基础

难易度：难

标准答案：A

Jb0704493091 在关系数据库中，不同关系之间的联系是通过指针实现的。（3分）

A. 对 　　　　　　　　　　　　　　　B. 错

考核知识点：数据库基础

难易度：难

标准答案：B

简　答　题

Jb0704431092 保障数据库安全的措施有哪些？（请至少写出两点）（10分）

考核知识点：数据库基础

难易度：易

标准答案：

① 备份与恢复；② 应急；③ 风险分析；④ 审计跟踪。

Jb0704431093 网络管理系统的性能指标一般分为什么类别？（请至少写出两点）（10分）

考核知识点：网络基础

难易度：易

标准答案：

① 通用指标；② 专用指标。

Jb0704431094 基于业务需求现需创建一台新的云服务器 ECS 实例，创建该 ECS 实例时需要考虑什么条件的限制？（请至少写出两点）（10分）

考核知识点：云平台基础

难易度：易

标准答案：

① 原有的服务部署的云服务器 ECS 实例所在的地域和可用区云；② 云服务器 ECS 实例的地域；③ 云服务器 ECS 实例的操作系统；④ 云服务器 ECS 实例所在的可用区。

Jb0704431095 UDP 协议为什么不可靠？（10分）

考核知识点：网络基础

难易度：易

标准答案：

① 不保证消息交付：不确认，不重传，无超时。② 不保证交付顺序：不设置包序号，不重排，不会发生队首阻塞。③ 不跟踪连接状态：不必建立连接或重启状态机。④ 不进行拥塞控制：不内置客户端或网络反馈机制。

Jb0704431096　基于域名的虚拟主机所具有的优点有哪些？（请至少写出两点）(10 分)

考核知识点：主机基础

难易度：易

标准答案：

① 不需要更多的 IP 地址；② 配置简单；③ 无需特殊的软硬件支持；④ 多数现代的浏览器支持这种虚拟主机的实现方法。

Jb0704431097　属于 Amazon 提供的云计算服务有哪些？（请至少写出两点）(10 分)

考核知识点：云平台基础

难易度：易

标准答案：

① 弹性云计算 EC2；② 简单存储服务 S3；③ 简单队列服务 SQS。

Jb0704431098　虚拟磁盘传输模式包括哪些？（请至少写出两点）(10 分)

考核知识点：主机基础

难易度：易

标准答案：

① SAN；② LAN（NBD）；③ HotAdd。

Jb0704431099　集群架构的优点包括哪些？（请至少写出两点）(10 分)

考核知识点：数据库基础

难易度：易

标准答案：

① 易于管理；② 灵活的负载均衡；③ 可靠的安全性；④ 可扩展性。

Jb0704431100　Linux 系统重启命令有哪些？（请至少写出两点）(10 分)

考核知识点：主机基础

难易度：易

标准答案：

① reboot；② init 6。

Jb0704431101　OSPF 中，一台 DRother 路由器会与哪些路由器交换链路状态信息？（请至少写出两点）(10 分)

考核知识点：网络基础

难易度：易

标准答案：

① DR；② BDR。

Jb0704431102　password requisitepam_cracklib.soretry＝3min len＝10 difok＝3 配置中 3，10，3 的含义分别是哪些？(10 分)

考核知识点：主机基础

难易度：易
标准答案：
① 登录重试 3 次密码；② 密码最小长度是 10；③ 3 个不同的字符。

Jb0704431103　数据备份时数据库的状态可分为哪些？（请至少写出两点）（10 分）
考核知识点：数据库基础
难易度：易
标准答案：
① 冷备份；② 热备份；③ 逻辑备份。

Jb0704431104　集群有什么优点？（请至少写出两点）（10 分）
考核知识点：中间件基础
难易度：易
标准答案：
① 高可用性；② 高扩展性；③ 负载分担。

Jb0704431105　进行子网划分的优点有哪些？（请至少写出两点）（10 分）
考核知识点：网络基础
难易度：易
标准答案：
① 减少网络流量，提高网络效率；② 提高网络规划和部署的灵活性；③ 简化网络管理。

Jb0704431106　局域网的拓扑结构有哪些？（10 分）
考核知识点：网络基础
难易度：易
标准答案：
① 星型；② 网状型；③ 总线型。

Jb0704431107　创建数据库可以指定兼容哪些参数？（请至少写出两点）（10 分）
考核知识点：数据库基础
难易度：易
标准答案：
① Ora；② TD。

Jb0704431108　分布式缓存服务（Redis）支持哪几种类型的数据？（请至少写出两点）（10 分）
考核知识点：主机基础
难易度：易
标准答案：
① string（字符串）；② list（列表）；③ set（集合）；④ hash（哈希）。

Jb0704431109　局域网中，常见的网络传输介质有哪些？（请至少写出两点）（10 分）
考核知识点：网络基础

难易度：易
标准答案：
① 光纤；② 同轴电缆；③ 双绞线。

Jb0704431110 拒绝某一个网段的主机访问本机的 SSH 服务，可以使用哪些方法？（请至少写出两点）（10 分）

考核知识点：主机基础

难易度：易

标准答案：
① tcp_wrappers；② iptables；③ pam。

Jb0704431111 可以被虚拟的资源包括哪些？（请至少写出两点）（10 分）

考核知识点：主机基础

难易度：易

标准答案：
① CPU；② 内存；③ 存储；④ 网络。

Jb0704431112 Oracle 脱机备份的优点有哪些？（请至少写出两点）（10 分）

考核知识点：数据库基础

难易度：易

标准答案：
① 是非常快速的备份方法（只需拷贝文件）；② 容易归档（简单拷贝即可）；③ 容易恢复到某个时间点上；④ 低度维护，高度安全。

Jb0704431113 在 MySQL 提示符下，输入什么命令，可以查看由 MySQL 自己解释的命令？（请至少写出两点）（10 分）

考核知识点：数据库基础

难易度：易

标准答案：
① ?；② help；③ \h。

Jb0704431114 WebLogic Server 使用哪些方式配置被管理服务器？请至少写出两种。（10 分）

考核知识点：中间件基础

难易度：易

标准答案：
① Console；② 命令行；③ 文本文件。

Jb0704431115 云计算按照服务类型可分为哪几类？（10 分）

考核知识点：云平台基础

难易度：易

标准答案：

① IaaS；② PaaS；③ SaaS。

Jb0704431116　Windows 操作系统巡检项目有哪些？（请至少写出两点）（10 分）

考核知识点：主机基础

难易度：易

标准答案：

① CPU 利用情况；② 内存利用情况；③ 操作系统日志；④ 网络使用情况。

Jb0704431117　哪些无线设备的天线在断开与馈线的连接前，应关闭发射单元？（10 分）

考核知识点：规章制度

难易度：易

标准答案：

① 微波；② 卫星；③ 无线专网。

Jb0704431118　敷设电力通信光缆前，宜对哪些情况进行现场勘察？（10 分）

考核知识点：规章制度

难易度：易

标准答案：

① 光缆路由走向；② 敷设位置；③ 接续点环境；④ 配套金具。

Jb0704431119　在华为交换机上，查看设备所有配置的命令是什么？（10 分）

考核知识点：网络基础

难易度：易

标准答案：

display current-configuration。

Jb0704431120　请写出创建 VLAN 10 的命令。（10 分）

考核知识点：网络基础

难易度：易

标准答案：

① system-view；② vlan 10。

Jb0704431121　简写"将交换机 g0/0/1 端口设置为 Access"的命令。（10 分）

考核知识点：网络基础

难易度：易

标准答案：

① system-view；② int g0/0/1；③ port link-type access。

Jb0704431122　简述 Linux 服务器新建用户 test 的命令。（10 分）

考核知识点：主机基础

难易度：易

标准答案：

user add test。

Jb0704431123　请写出"Linux 服务器给用户 test 设置密码为 test"的命令。(10 分)

考核知识点：主机基础

难易度：易

标准答案：

passwd test。

Jb07044311124　文件和目录存取权限的类型有哪些？（10 分）

考核知识点：操作系统

难易度：易

标准答案：

① read；② execute；③ write

Jb0704431125　请写出"将 test 表中姓名为 admin 的数据修改为 administrator"的命令。(10 分)

考核知识点：数据库基础

难易度：易

标准答案：

update test set name＝"administrator" wherename＝"admin"。

Jb0704431126　PPP 比 HDLC 更安全可靠，是因为 PPP 支持什么协议？（10 分）

考核知识点：网络基础

难易度：易

标准答案：

① PAP；② CHAP。

Jb0704432127　主流的服务器虚拟化技术包括哪些？（请至少写出两点）(10 分)

考核知识点：主机基础

难易度：中

标准答案：

① KVM；② Xen；③ Hyper-V。

Jb0704432128　保障 MySQL 数据库信息运行安全的主要措施有哪些？（请至少写出两点）(10 分)

考核知识点：数据库基础

难易度：中

标准答案：

① 备份与恢复；② 应急；③ 风险分析；④ 审计跟踪。

Jb0704432129　NAS 的优点有哪些？（请至少写出两点）(10 分)

考核知识点：主机基础

难易度：中

标准答案：

① NAS 可以即插即用；② NAS 通过 TCP/IP 网络连接到应用服务器，因此可以基于已有的企业网络方便连接。

Jb0704432130　哪些协议使用了两个以上的端口？（请至少写出两点）（10分）

考核知识点：主机基础

难易度：中

标准答案：

① FTP；② Samba。

Jb0704432131　误删除了 USER 表空间的数据文件，应该在哪种状态下恢复表空间？（10分）

考核知识点：数据库基础

难易度：中

标准答案：

① MOUNT；② OPEN。

Jb0704432132　哪些方法可以用于 Oracle 性能优化？（请至少写出两点）。（10分）

考核知识点：数据库基础

难易度：中

标准答案：

① 通过 SQL 优化；② 通过命中率调整；③ 通过 OWI 等待事件；④ 响应时间模型。

Jb0704432133　可针对哪些内容进行 TCP/IP 筛选？（10分）

考核知识点：网络基础

难易度：中

标准答案：

① TCP 端口；② UDP 端口；③ IP 协议。

Jb0704432134　Apache 配置文件有哪些？（请至少写出两点）（10分）

考核知识点：中间件基础

难易度：中

标准答案：

① httpd.conf；② lio.conf；③ inetd.conf。

Jb0704432135　Oracle Database 10g 中，哪些表空间是必需的？（请至少写出两点）（10分）

考核知识点：数据库基础

难易度：中

标准答案：

① SYSTEM；② SYSAUX。

Jb0704432136　创建华为云 DDM 实例时，实例名称应符合哪些要求？（请至少写出两点）（10 分）

考核知识点：云平台基础

难易度：中

标准答案：

① 名称不能为空；② 只能以英文字母开头；③ 长度为 4～64 位的字符串。

Jb0704432137　APM 的采集数据类型有哪些？（请至少写出两点）（10 分）

考核知识点：主机基础

难易度：中

标准答案：

① 调用链数据；② 资源信息，包括服务类型、服务名称等；③ 资源信息，包括系统类型、CPU 个数、进程等；④ 内存监测信息，包括内存使用率、使用量等。

Jb0704432138　弹性云服务器实现 HA 需要满足的条件有哪些？（请至少写出两点）（10 分）

考核知识点：云平台基础

难易度：中

标准答案：

① 全局 HA 功能开关开启；② 云服务器所在的主机组 HA 开关开启或处于未配置状态；③ 云服务器的 HA 开关开启。

Jb0704432139　传输层协议主要包括哪些？（10 分）

考核知识点：网络基础

难易度：中

标准答案：

① UDP；② TCP。

Jb0704432140　Spark 适用于哪些场景？（请至少写出两点）（10 分）

考核知识点：大数据基础

难易度：中

标准答案：

① 交互式查询；② 实时流处理；③ 批处理；④ 图计算。

Jb0704432141　在一个交换网络中，什么原因会导致 TCA 被置位的 BPDU 报文快速增长？（请至少写出两点）（10 分）

考核知识点：网络基础

难易度：中

标准答案：

① 在该网络中采用了不正确的线缆；② 在该网络中，没有在连接终端的接口上配置边缘端口。

Jb0704432142 在安装完成 WebLogic Server 以后，Domain 配置向导的启动主要方式是什么？（10 分）

考核知识点：中间件基础

难易度：中

标准答案：

① 程序菜单；② 命令行。

Jb0704432143 WebLogic 属于中间件中的应用服务器，除了应用服务器中间件，中间件里还包括什么？（10 分）

考核知识点：中间件基础

难易度：中

标准答案：

① 消息中间件；② 事务中间件。

Jb0704432144 WebLogic 配置 domains 有哪些模式？（10 分）

考核知识点：中间件基础

难易度：中

标准答案：

① 开发模式；② 生产模式。

Jb0704432145 WebLogic Server 域记录的三种日志文件分别是什么？（10 分）

考核知识点：中间件基础

难易度：中

标准答案：

① WebLogic 运行日志（AdminServer.log）；② HTTP 访问日志（access.log）；③ 域运行日志，名字为域名.log。

Jb0704432146 将华为交换机 g0/0/1 端口设置为 Trunk，并允许 VLAN10 和 VLAN20，请写出其配置命令。（10 分）

考核知识点：网络基础

难易度：中

标准答案：

① sys；② int g0/0/1；③ port link-type trunk；④ port trunk allow-pass vlan 10 20。

Jb0704433147 OSPF 协议支持的网络类型有哪些？（请至少写出两点）（10 分）

考核知识点：网络基础

难易度：难

标准答案：

① Point-to-Point；② Broadcast；③ Non-Broadcast Multi-Access；④ Point-to-Multipoint。

Jb0704433148 OSPF 有哪两种路由聚合方式？（10 分）

考核知识点：网络基础

难易度：难

标准答案：

① ASBR（自治系统边界路由器）聚合；② ABR（区域边界路由器）聚合。

Jb0704433149　数据标签支撑的典型场景包括哪些？（请至少写出两点）（10分）

考核知识点：大数据基础

难易度：难

标准答案：

① 数据分析；② 精准营销；③ 风险防控；④ 群体分析。

Jb0704433150　在产品选型时，数据中台逻辑架构中分析层要重点关注的产品特点有哪些？（请至少写出两点）（10分）

考核知识点：网络基础

难易度：难

标准答案：

① 强资源隔离能力；② 高并发的查询能力。

Jb0704433151　消息发送的模式有哪些？（请至少写出两点）（10分）

考核知识点：中间件基础

难易度：难

标准答案：

① 同步通信；② 异步通信。

Jb0704433152　消息中间件TLQ正常启动后可以看到哪些进程？（请至少写出两点）（10分）

考核知识点：中间件基础

难易度：难

标准答案：

① tlqd.exe；② tlqservice.exe；③ tlqmoni.exe。

Jb0704433153　工作在链路层的协议有哪些？（请至少写出两点）（10分）

考核知识点：网络基础

难易度：难

标准答案：

① VLAN；② HDLC；③ PPP。

Jb0704433154　show cdp neighbors命令会显示哪些内容？（请至少写出两点）（10分）

考核知识点：网络基础

难易度：难

标准答案：

① 平台；② 保持时间。

Jb0704433155 运维人员可通过哪些方式对 Tomcat 进行优化？（请至少写出两点）（10 分）

考核知识点：中间件基础

难易度：难

标准答案：

① 调整 JVM 内存；② 禁用 DNS 查询；③ 调整线程数。

Jb0704433156 可以描述到 AS 外部的路由信息有哪些？（10 分）

考核知识点：网络基础

难易度：难

标准答案：

① LSA7；② LSA5。

Jb0704433157 哪些区域能存在 Type7 LSA？（10 分）

考核知识点：网络基础

难易度：难

标准答案：

① NSSA 区域；② Totally NSSA 区域。

Jb0704433158 GRE 的特点有哪些？（10 分）

考核知识点：网络基础

难易度：难

标准答案：

① 支持多种协议和多播；② 支持多点隧道；③ 能够实施 QOS。

Jb0704433159 Linux 配置网络可用哪些方法？（10 分）

考核知识点：主机基础

难易度：难

标准答案：

① ifconfig 命令；② nm-connection-editor；③ nmtui；④ 修改网卡配置文件。

Jb0704433160 Linux 系统安全是管理员首要关注的问题，提升系统安全的方法有关闭不必要的服务，限制系统用户出入、密码检查，设定安全策略等，那么哪些命令可以很快判定已备份的文件是否被恶意修改？（10 分）

考核知识点：主机基础

难易度：难

标准答案：

① diff；② md5sum；③ vim diff。

Jb0704433161 在 WebLogic Server 中发布 ejb 需涉及哪些配置文件？（10 分）

考核知识点：中间件基础

难易度：难

标准答案：

① ejb-jar.xml；② WebLogic-ejb-jar.xml；③ WebLogic-cmp-rdbms-jar.xml。

Jb0704433162　RIPv1 与 RIPv2 有什么区别？（请至少写出两点）（10 分）

考核知识点：网络基础

难易度：难

标准答案：

（1）RIPv1 是有类路由协议，RIPv2 是无类路由协议。

（2）RIPv2 支持验证，RIPv1 不支持。

Jb0704433163　ftp 传输数据是以什么方式进行的？（请至少写出两点）（10 分）

考核知识点：网络基础

难易度：难

标准答案：

① 二进制；② ASCII。

第四章　信息运维检修工中级工技能操作

Jc0704441001　Oracle 参数修改。（100 分）

考核知识点：数据库基础

难易度：易

技能等级评价专业技能考核操作工作任务书

一、任务名称

Oracle 参数修改。

二、适用工种

信息运维检修工中级工。

三、具体任务

在 Oracle 数据库中，按要求修改数据库参数，SGA 设置为 600MB，PGA 设置为 200MB。

四、工作规范及要求

要求单人操作完成。

五、考核及时间要求

本考核操作时间为 30 分钟，包括测试验证时间，时间到停止考核。

技能等级评价专业技能考核操作评分标准

工种	信息运维检修工					评价等级	中级工
项目模块	数据库基础—Oracle 参数修改				编号		Jc0704441001
单位			准考证号			姓名	
考试时限	30 分钟		题型		单项操作	题分	100 分
成绩		考评员		考评组长		日期	
试题正文	Oracle 参数修改						
需要说明的问题和要求	独立完成 Oracle 参数修改						

序号	项目名称	质量要求	满分	扣分标准	扣分原因	得分
1	修改数据库参数	按要求完成参数修改	100	SGA 设置未成功，扣 50 分；PGA 设置未成功，扣 50 分		
	合计		100			

Jc0704441002　查询 Oracle 数据库中 redo 日志信息。（100 分）

考核知识点：数据库基础

难易度：易

技能等级评价专业技能考核操作工作任务书

一、任务名称

查询 Oracle 数据库中 redo 日志信息。

二、适用工种

信息运维检修工中级工。

三、具体任务

按要求查询 Oracle 数据库中 redo 日志信息、日志组数量、每组成员数量、每个成员大小。

四、工作规范及要求

要求单人操作完成。

五、考核及时间要求

本考核操作时间为 30 分钟，包括测试验证时间，时间到停止考核。

技能等级评价专业技能考核操作评分标准

工种	信息运维检修工				评价等级	中级工
项目模块	数据库基础—在 Oracle 数据库中查询 redo 日志信息			编号		Jc0704441002
单位			准考证号		姓名	
考试时限	30 分钟	题型		单项操作	题分	100 分
成绩		考评员		考评组长	日期	
试题正文	查询 Oracle 数据库中 redo 日志信息					
需要说明的问题和要求	独立完成 Oracle 数据库中 redo 日志信息、日志组数量、每组成员数量、每个成员大小信息查询					

序号	项目名称	质量要求	满分	扣分标准	扣分原因	得分
1	查询 redo 日志信息	按要求完成查询 redo 日志信息	100	未查询到 redo 日志信息，扣 25 分；未查询到日志组数量，扣 25 分；未查询到每组成员数量，扣 25 分；未查询到每个成员大小，扣 25 分		
	合计		100			

Jc0704442003　Linux 访问控制。(100 分)

考核知识点： 主机基础

难易度： 中

技能等级评价专业技能考核操作工作任务书

一、任务名称

Linux 访问控制。

二、适用工种

信息运维检修工中级工。

三、具体任务

进行 Linux 登录控制。允许某个网段地址对服务器进行登录，禁止×××.×××.×××.×××地址对服务器的访问（通过 hosts.allow 文件控制）。

四、工作规范及要求

要求单人操作完成。

五、考核及时间要求

（1）本考核操作时间为 20 分钟，包括报告整理时间，时间到停止考核。

（2）问题查找和排除过程中，如确实不能查找出问题，可向考评员申请排除问题，该项问题项目不得分，但不影响其他项目。

技能等级评价专业技能考核操作评分标准

工种	信息运维检修工			评价等级	中级工
项目模块	主机基础—Linux 访问控制		编号	Jc0704442003	
单位		准考证号		姓名	
考试时限	20 分钟	题型	单项操作	题分	100 分
成绩		考评员	考评组长	日期	
试题正文	Linux 访问控制				
需要说明的问题和要求	独立完成 Linux 访问控制				

序号	项目名称	质量要求	满分	扣分标准	扣分原因	得分
1	Linux 登录控制					
1.1	进行 Linux 登录控制	禁止×××.×××.×××.×××地址对服务器的访问	100	未正确使用 hosts.allow 对服务器登录访问进行控制，扣 100 分		
	合计		100			

Jc0704442004　交换机远程登录用户配置。（100 分）

考核知识点： 主机基础

难易度： 中

技能等级评价专业技能考核操作工作任务书

一、任务名称

交换机远程登录用户配置。

二、适用工种

信息运维检修工中级工。

三、具体任务

交换机远程登录用户配置（SSH 方式），配置登录用户名和密码，允许在特定的 IP 地址下登录设备、本机进行测试登录。

（1）正确通过 CON 连接计算机和设备。

（2）正确设置用户账号、密码、权限、服务类型。

（3）正确配置 SSH 服务设置用户的验证方式和服务类型。

（4）配置 ACL 控制列表。

（5）用户虚接口下正确使用用户登录的协议、认证方式、控制列表。

（6）使用环回地址登录验证。

四、工作规范及要求

（1）正确连接操作的电脑和交换机设备的 CON 端口。

（2）配置登录的用户账号名称和密码，用户名 5 个字符以上，密码要求大小写字母、符号和数字的组合，密码长度不少于 8。账户权限为 leve 3，用户服务类型为 SSH。

（3）将设备环回测试地址设置为允许远程登录的地址，其他地址拒绝。登录用户虚接口协议为 SSH，用户登录认证方式为 aaa。

（4）登录成功后检查登录用户是否正确。

五、考核及时间要求

（1）本考核操作时间为 30 分钟，包括报告整理时间，时间到停止考核。

（2）问题查找和排除过程中，如确实不能查找出问题，可向考评员申请排除问题，该项问题项目不得分，但不影响其他项目。

技能等级评价专业技能考核操作评分标准

工种	信息运维检修工			评价等级	中级工
项目模块	主机基础—交换机远程登录用户配置		编号		Jc0704442004
单位		准考证号		姓名	
考试时限	30 分钟	题型	单项操作	题分	100 分
成绩		考评员	考评组长	日期	
试题正文	交换机远程登录用户配置				
需要说明的问题和要求	独立完成交换机远程登录用户配置				

序号	项目名称	质量要求	满分	扣分标准	扣分原因	得分
1	交换机远程登录用户配置					
1.1	正确通过 CON 连接计算机和设备	使用电脑正确连接设备的 CON 端口，并正确设置相关参数	5	未能成功通过 CON 连接计算机和设备，扣 5 分		
1.2	正确设置用户账号、密码、权限、服务类型	按照要求正确设置用户账号、密码、权限、服务类型	20	基本配置检查存在遗漏，遗漏 1 处扣 5 分，扣完为止		
1.3	正确配置 SSH 服务，设置用户的验证方式和服务类型	正确启用 SSH 服务	20	正确配置 SSH 服务，设置用户的验证方式和服务类型，遗漏 1 处扣 5 分，扣完为止		
1.4	配置 ACL 控制列表	ACL 控制列表正确使用，知道环回测试地址	20	正确使用 ACL 列表，遗漏一处扣 5 分，扣完为止		
1.5	用户虚接口下正确使用用户登录的协议、认证方式、控制列表	用户虚接口下正确配置用户登录的协议、认证方式、控制列表	20	正确配置各项，遗漏一处扣 5 分，扣完为止		
1.6	使用环回地址登录验证	使用环回地址正确登录交换机，并在交换机上通过 display users 检查 SSH 用户远程登录信息并理解	15	远程登录 SSH 成功，并通过命令查看确认。以上遗漏一处扣 5 分，扣完为止		
	合计		100			

Jc0704443005　通过 IP 地址查找相关信息。（100 分）

考核知识点： 网络基础

难易度： 难

技能等级评价专业技能考核操作工作任务书

一、任务名称

通过 IP 地址查找相关信息。

二、适用工种

信息运维检修工中级工。

三、具体任务

（1）找到对应功能界面后输入查询 IP。

（2）获取信息。

四、工作规范及要求

要求单人操作完成。

五、考核及时间要求

（1）本考核操作时间为 15 分钟，包括报告整理时间，时间到停止考核。

（2）问题查找和排除过程中，如确实不能查找出问题，可向考评员申请排除问题，该项问题项目不得分，但不影响其他项目。

技能等级评价专业技能考核操作评分标准

工种	信息运维检修工				评价等级	中级工
项目模块	网络基础—通过 IP 地址，查找相关信息			编号	Jc0704443005	
单位			准考证号		姓名	
考试时限	15 分钟		题型	单项操作	题分	100 分
成绩		考评员		考评组长		日期
试题正文	通过 IP 地址查找相关信息					
需要说明的问题和要求	独立完成操作信息查询					

序号	项目名称	质量要求	满分	扣分标准	扣分原因	得分
1	使用瑞星企业终端安全管理系统软件通过 IP 地址查询终端信息					
1.1	找到对应功能界面后输入查询 IP	找到对应功能界面后输入查询 IP：10.216.52.168	20	未查询到 IP，扣 20 分		
1.2	获取信息	获取信息：组别、操作系统、版本号	80	未获取相关信息，扣 80 分		
	合计		100			

Jc0704423006　终端跨二层交换机连接三层网关设备进行通信。（100 分）

考核知识点： 网络基础

难易度： 难

技能等级评价专业技能考核操作工作任务书

一、任务名称

终端跨二层交换机连接三层网关设备进行通信。

二、适用工种

信息运维检修工中级工。

三、具体任务

终端及交换机连接拓扑图如图 Jc0704423006 所示，将 test-SW1 作为 PC 电脑的网关，PC1、PC2 和 PC3 分别属于 VLAN10、VLAN10 和 VLAN20，网关分别为 192.168.10.254、192.168.10.254 和 192.168.20.254，并在 test-SW1 将端口 G0/0/1 和 G0/0/2 进行聚合，聚合口类型设置为 trunk；在 test-SW2 将端口 Eth0/0/1 和 Eth0/0/2 进行聚合，聚合口类型设置为 trunk，将聚合口加入相应的 VLAN，将 test-SW2 连接终端 PC 的接口加入相应 VLAN，链路类型为 access，启用端口并添加描述信息，最终实现各 PC 电脑之间的互访通信，在测试互通之后在各 PC 上查看 ARP 信息。

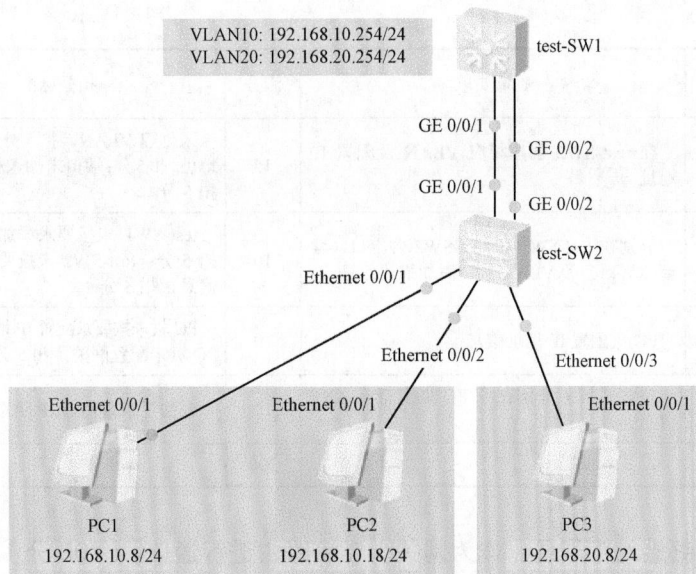

VLAN10: 192.168.10.254/24
VLAN20: 192.168.20.254/24　　test-SW1

GE 0/0/1　　GE 0/0/2

GE 0/0/1　　GE 0/0/2

test-SW2

Ethernet 0/0/1

Ethernet 0/0/2　　　　Ethernet 0/0/3

Ethernet 0/0/1　　Ethernet 0/0/1　　　　Ethernet 0/0/1

PC1　　　　　　PC2　　　　　　PC3
192.168.10.8/24　　192.168.10.18/24　　192.168.20.8/24

图 Jc0704423006

四、工作规范及要求

根据题目要求进行配置，单人完成操作。

五、考核及时间要求

（1）本考核操作时间为 30 分钟，包括报告整理时间，时间到停止考核。

（2）在相关要求配置/查询项目中，如确实不能按要求完成内容，可直接跳过或向考评员申请指导，该项目不得分，但不影响其他项目评分。

技能等级评价专业技能考核操作评分标准

工种	信息运维检修工		评价等级	中级工
项目模块	网络基础—终端跨二层交换机连接三层网关设备进行通信	编号		Jc0704423006
单位		准考证号	姓名	
考试时限	30 分钟	题型	单项操作	题分　100 分
成绩	考评员	考评组长	日期	
试题正文	终端跨二层交换机连接三层网关设备进行通信			
需要说明的问题和要求	独立完成终端跨二层交换机连接三层网关设备通信项目			

序号	项目名称	质量要求	满分	扣分标准	扣分原因	得分
1	终端跨二层交换机连接三层网关设备进行通信					
1.1	修改设备名称	将交换机名称改为 test-SW1 和 test-SW2	5	未按要求修改设备名称，扣 5 分		
1.2	test-SW1 下联端口绑定	在 test-SW1 上创建聚合组，并将相应端口绑定到聚合组	20	未配置聚合组，扣 10 分；端口未绑定聚合组，扣 10 分		
1.3	test-SW2 上联端口绑定	在 test-SW2 上创建聚合组，并将相应端口绑定到聚合组	15	未配置聚合组，扣 10 分；端口未绑定聚合组，扣 5 分		
1.4	test-SW1 端口信息配置	在 test-SW1 创建相应 VLAN 及配置 IP 地址	15	未创建 VLAN，扣 5 分；未配置 IP 地址，扣 5 分；端口未加入相应 VLAN，扣 5 分		

续表

序号	项目名称	质量要求	满分	扣分标准	扣分原因	得分
1.5	test-SW2 端口信息配置	在 test-SW2 创建相应 VLAN 及配置 IP 地址	15	未创建 VLAN，扣 5 分；未配置 IP 地址，扣 5 分；端口未加入相应 VLAN，扣 5 分		
1.6	端口描述配置	分别在 test-SW1 和 test-SW2 各端口（含虚拟端口）和 VLAN 接口添加描述信息	10	test-SW1 未按要求添加描述信息，扣 5 分；test-SW2 未按要求添加描述信息，扣 5 分		
1.7	PC 机配置地址信息	PC 机配置 IP 地址信息	10	PC 机未按要求配置 IP 地址，扣 5 分；PC 机未配置网关，扣 5 分		
1.8	ARP 信息查询	待测通后，分别在各 PC 机上查看 ARP 信息	10	未按要求查询 ARP 信息，扣 10 分		
	合计		100			

Jc0704423007　终端跨汇聚层（作为网关）连接路由进行通信。（100 分）

考核知识点：网络基础

难易度：难

技能等级评价专业技能考核操作工作任务书

一、任务名称

终端跨汇聚层（作为网关）连接路由进行通信。

二、适用工种

信息运维检修工中级工。

三、具体任务

连接拓扑图如图 Jc0704423007 所示。将 test-SW1 作为 PC1 和 PC2 电脑的网关，将 test-SW2 作为 PC3 电脑的网关，PC1、PC2 和 PC3 分别属于 VLAN10、VLAN20 和 VLAN30，网关分别为 192.168.10.254、192.168.20.254 和 192.168.30.254，并配置 test-RT 与 test-SW1 和 test-SW2 的互联端口地址，test-RT、test-SW1 和 test-SW2 配置相应的静态路由，对所有互联端口加描述信息，最终实现各 PC 电脑之间的互访通信。

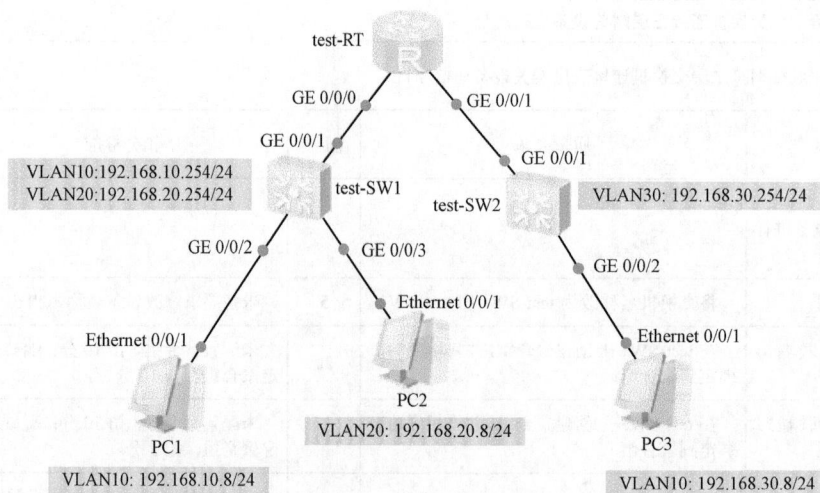

图 Jc0704423007

四、工作规范及要求

根据题目要求进行配置，单人完成操作。

五、考核及时间要求

（1）本考核操作时间为 30 分钟，包括报告整理时间，时间到停止考核。

（2）在相关要求配置/查询项目中，如确实不能按要求完成内容，可直接跳过或向考评员申请指导，该项目不得分，但不影响其他项目评分。

技能等级评价专业技能考核操作评分标准

工种		信息运维检修工			评价等级		中级工
项目模块		网络基础—终端跨汇聚层（作为网关）连接路由进行通信		编号		Jc0704423007	
单位			准考证号			姓名	
考试时限	30 分钟		题型		单项操作	题分	100 分
成绩		考评员		考评组长		日期	
试题正文	终端跨汇聚层（作为网关）连接路由进行通信						
需要说明的问题和要求	独立完成交换机及终端配置						

序号	项目名称	质量要求	满分	扣分标准	扣分原因	得分
1	终端跨汇聚层（作为网关）连接路由进行通信					
1.1	修改设备名称	将路由器名称修改为 test-RT，交换机名称改为 test-SW1 和 test-SW2	5	未按要求修改设备名称，扣 5 分		
1.2	test-SW1 端口信息配置	在 test-SW1 创建相应 VLAN 及配置 IP 地址	15	未创建 VLAN，扣 5 分；未配置 IP 地址，扣 5 分；端口未加入相应 VLAN，扣 5 分		
1.3	test-SW2 端口信息配置	在 test-SW2 创建相应 VLAN 及配置 IP 地址	10	未创建 VLAN 及添加 IP 地址，扣 5 分；端口未加入相应 VLAN，扣 5 分		
1.4	test-RT 端口信息配置	在 test-RT 配置 IP 地址	10	未按要求配置，扣 10 分		
1.5	test-SW1 配置路由	在 test-SW1 配置去往 PC3 的静态路由	10	未按要求配置，扣 10 分		
1.6	test-SW2 配置路由	在 test-SW2 配置去往 PC1 和 PC2 的静态路由	10	未按要求配置，扣 10 分		
1.7	test-RT 配置路由	在 test-RT 配置去往各 PC 的静态路由	20	未按要求配置，扣 20 分		
1.8	端口描述配置	分别在 test-RT、test-SW1 和 test-SW2 各端口和 VLAN 接口添加描述信息	10	未按要求配置，扣 10 分		
1.9	PC 机配置地址信息	PC 机配置 IP 地址信息	10	未按要求配置，扣 10 分		
	合计		100			

第三部分
高级工

第五章　信息运维检修工高级工技能笔答

单 选 题

Jb0704371001　Oracle 数据库中，初始化参数 AUDIT_TRAIL 为静态参数，使用以下（　　）命令可以修改其参数值。（3分）

A. ALTER SYSTEM SET AUDIT_TRAIL＝DB

B. ALTER SYSTEM SET AUDIT_TRAIL＝DBDEFERRED

C. ALTER SESSION SET AUDIT_TRAIL＝DB

D. ALTER SYSTEM SET AUDIT_TRAIL＝DBSCOPE＝SPFILE

考核知识点：数据库基础

难易度：易

标准答案：D

Jb0704371002　Oracle 数据库中，当实例处于 NOMOUNT 状态，不能访问以下（　　）数据字典和动态性能视图。（3分）

A. DBA_TABLES　　　　B. V$DATAFILE　　　　C. V$DATABASE　　　　D. 以上全部

考核知识点：数据库基础

难易度：易

标准答案：D

Jb0704371003　在 Oracle 数据库中，获取前 10 条记录的关键字是（　　）。（3分）

A. Top　　　　　　　　B. First　　　　　　　　C. Limit　　　　　　　　D. rownum

考核知识点：数据库基础

难易度：易

标准答案：D

Jb0704371004　Oracle 提供的（　　），能够在不同硬件平台上的 Oracle 数据库之间传递数据。（3分）

A. 归档日志运行模式　　　　　　　　　B. RECOVER 命令

C. 恢复管理器（RMAN）　　　　　　　　D. Export 和 Import 工具

考核知识点：数据库基础

难易度：易

标准答案：D

Jb0704371005　802.1D 中规定了 Learning 端口状态，此状态的端口具有的功能是（　　）。（3分）

A. 不收发任何报文

B. 不接收或转发数据

C. 接收但不发送 BPDU，不进行地址学习

D. 不接收或转发数据，接收并发送 BPDU，开始地址学习

考核知识点： 网络基础

难易度： 易

标准答案： D

Jb0704371006 CentOS Linux 系统上查看并能持续监控 CPU 使用率的命令是（   ）。（3分）

A. netstat   B. df   C. top   D. free

考核知识点： 主机基础

难易度： 易

标准答案： C

Jb0704371007 Container 技术不是在 OS 外来建立虚拟环境，而是在 OS 内的（   ）层来打造虚拟执行环境。（3分）

A. 核心系统   B. 外部系统   C. 内存   D. 操作系统

考核知识点： 主机基础

难易度： 易

标准答案： A

Jb0704371008 DNS 是用来解析下列各项中的（   ）。（3分）

A. IP 地址和 MAC 地址   B. 用户名和 IP 地址

C. TCP 名字和地址   D. 主机名和传输层地址

考核知识点： 主机及操作系统

难易度： 易

标准答案： D

Jb0704371009 Excel 中要执行"自动套用格式"命令，首先要做什么？（   ）（3分）

A. 选择要格式化的区域

B. 单击"格式"菜单中的"自动套用格式"

C. 单击"格式"菜单的"单元格格式"

D. 在格式化区域按鼠标右键

考核知识点： 桌面运维

难易度： 易

标准答案： A

Jb0704371010 Oracle 中，有一个名为 seq 的序列对象，以下语句能返回序列值但不会引起序列值增加的是（   ）。（3分）

A. select seq.ROWNUM from dual   B. select seq.ROWID from dual

C. select seq.CURRVAL from dual   D. selec seq.NEXTVAL from dual

考核知识点： 数据库基础

难易度： 易

标准答案：C

Jb0704371011 Linux 开机启动程序简单说来是加载内核、执行内核、启动 init 进程。关于 Linux 开机启动过程说法不正确的是（　　　）。（3分）

A. 首先是 bios 加电自检、初始化，这个过程会检测相关硬件

B. 加载内核读取/boot 里边的配置文件

C. 启动初始化进程，运行/sbin/init，读取/etc/inittab 确定运行级别

D. 根据/etc/rc.d/rcn.d 加载开机启动程序都指向/etc/rc.d/rc.local，再运行/etc/rc.d/init.d

考核知识点： 主机基础

难易度： 易

标准答案： D

Jb0704371012 Oracle 中的（　　　）DBA 视图中含有所有表空间的描述。（3分）

A. DBA_VIEWS　　　　　　　　　　B. DBA_TABLES

C. DBA_TABLESPACES　　　　　　　D. DBA_DATA_FILES

考核知识点： 数据库基础

难易度： 易

标准答案： C

Jb0704371013 Oracle 数据库由多种文件组成，以下不是二进制文件的是（　　　）。（3分）

A. pfile.ora　　　　B. controlfile　　　　C. spfile　　　　D. system.bdf

考核知识点： 数据库基础

难易度： 易

标准答案： A

Jb0704371014 Oracle 中要以自身的模式创建私有同义词，用户必须拥有（　　　）系统权限。（3分）

A. CREATE PRIVATE SYNONYM　　　　B. CREATE PUBLIC SYNONYM

C. CREATE SYNONYM　　　　　　　　D. CREATE ANY SYNONYM

考核知识点： 数据库基础

难易度： 易

标准答案： C

Jb0704371015 RedHat Linux 系统上查询磁盘空间使用情况的命令是（　　　）。（3分）

A. free　　　　　　B. vmstat　　　　　　C. df　　　　　　D. top

考核知识点： 主机基础

难易度： 易

标准答案： C

Jb0704371016 OSI 模型的第五层是（　　　）。（3分）

A. 会话层　　　　　B. 传输层　　　　　C. 网络层　　　　　D. 表示层

考核知识点： 网络安全基础

难易度： 易

标准答案： A

Jb0704371017 OSPF 协议中 LSR 报文的作用是（　　　）。（3分）

A. 发现并维持邻居关系

B. 描述本地 LSDB 的情况

C. 向对端请求本端没有的 LSA，或对端主动更新的 LSA

D. 向对方更新 LSA

考核知识点： 网络基础

难易度： 易

标准答案： C

Jb0704371018 RSA 与 DSA 相比的优点是（　　　）。（3分）

A. 它可以提供数字签名和加密功能

B. 由于使用对称密钥算法，使用的资源少，加密速度快

C. 前者是分组加密后者是流加密

D. 它使用一次性密码本

考核知识点： 网络安全基础

难易度： 易

标准答案： A

Jb0704371019 UNIQUE 唯一索引的作用是（　　　）。（3分）

A. 保证各行在该索引上的值都不得重复

B. 保证各行在该索引上的值不得为 NULL

C. 保证参加唯一索引的各列，不得再参加其他的索引

D. 保证唯一索引不能被删除

考核知识点： 数据库基础

难易度： 易

标准答案： A

Jb0704371020 为进一步加强和规范公司信息系统检修管理工作，确保信息系统安全稳定运行，检修工作须坚持（　　　）的原则。（3分）

A. 预防为主　　　　　　　　　　　　B. 安全第一

C. 按时开始按时完成　　　　　　　　D. 应修必修，修必修好

考核知识点： 规章制度

难易度： 易

标准答案： D

Jb0704371021 以下（　　　）是 Linux 环境下 MySQL 默认的配置文件。（3分）

A. my.cnf　　　　　B. my-small.cnf　　　　C. my-medium.cnf　　　　D. my-large.cnf

考核知识点： 数据库基础

难易度： 易

标准答案：A

Jb0704371022　从安全的角度来看，运行（　　　）起到第一道防线的作用。（3分）

A. 远端服务器　　　　　B. Web 服务器　　　　　C. 防火墙　　　　　D. 使用安全 shell 程序

考核知识点：网络安全基础

难易度：易

标准答案：C

Jb0704372023　Web Services 是用什么来描述的？（　　　）（3分）

A. HTML　　　　　B. Net　　　　　C. XML　　　　　D. Perl

考核知识点：中间件基础

难易度：中

标准答案：C

Jb0704372024　Windows Server 2012 的活动目录中包括的身份验证方式是（　　　）。（3分）

A. 网络身份验证　　　　B. 匿名身份验证　　　　C. 交互式登录验证　　　　D. 本地身份验证

考核知识点：主机基础

难易度：中

标准答案：A

Jb0704372025　Windows 操作系统对文件和对象的审核，错误的一项是（　　　）。（3分）

A. 文件和对象访问成功和失败　　　　　　B. 用户及组管理的成功和失败

C. 安全规则更改的成功和失败　　　　　　D. 文件名更改的成功和失败

考核知识点：主机基础

难易度：中

标准答案：D

Jb0704372026　Windows 平台的 ODBC 和 JAVA 平台的 JDBC 属于（　　　）。（3分）

A. 数据库访问中间件　　　　　　　　　　B. 远程过程调用中间件

C. 面向消息中间件　　　　　　　　　　　D. 实务中间件

考核知识点：中间件基础

难易度：中

标准答案：A

Jb0704372027　8 个 300G 的硬盘做 RAID5 后的容量空间为（　　　）。（3分）

A. 1200G　　　　　B. 1.8T　　　　　C. 2.1T　　　　　D. 2400G

考核知识点：虚拟化技术基础

难易度：中

标准答案：C

Jb0704372028　DB2（　　　）版本是专门为移动计算机环境设计的，允许移动用户使用个人数字助理（PDA）和掌上电脑（HPC）等移动设备，通过关系型数据库和同步服务器，将企业应用程序

和数据扩展到移动设备上。（3分）

A. 企业服务器版　　　　　　　　　　B. 工作组服务器版
C. 个人版　　　　　　　　　　　　　D. Everyplace

考核知识点： 数据库基础

难易度： 中

标准答案： D

Jb0704372029　采用 EXP 命令备份 Oracle 数据库，关于备份的描述，最完整的是（　　　）。（3分）

A. 这是一个冷备份　　　　　　　　　B. 这是一个热备份
C. 这是一个联机逻辑备份　　　　　　D. 这是一个脱机逻辑备份

考核知识点： 数据库基础

难易度： 中

标准答案： C

Jb0704372030　操作系统中，被调度和分派资源的基本单位，并可独立执行的实体是（　　　）。（3分）

A. 线程　　　　　　B. 程序　　　　　　C. 进程　　　　　　D. 指令

考核知识点： 主机基础

难易度： 中

标准答案： C

Jb0704372031　Oracle 限制用户数量需要修改哪个配置文件（　　　）。（3分）

A. /etc/password　　　　B. /etc/group　　　　C. /etc/oracle.conf　　　　D. oracle.cnf

考核知识点： 数据库基础

难易度： 中

标准答案： B

Jb0704372032　从安全属性对各种网络攻击进行分类，截获攻击是针对（　　　）的攻击。（3分）

A. 机密性　　　　B. 可用性　　　　C. 完整性　　　　D. 真实性

考核知识点： 网络安全基础

难易度： 中

标准答案： A

Jb0704372033　从安全属性对各种网络攻击进行分类，阻断攻击是针对（　　　）的攻击。（3分）

A. 机密性　　　　B. 可用性　　　　C. 完整性　　　　D. 真实性

考核知识点： 网络安全基础

难易度： 中

标准答案： B

Jb0704372034　当使用"SHUTDOWN ABORT"命令关闭数据库实例后，当数据库实例再次启动的步骤如下：

1. 分配 SGA 内存空间

2. 读取控制文件

3. 读取日志文件（redolog）日志信息

4. 开始恢复实例

5. 启动数据库后台进程

6. 进行数据文件一致性检查

7. 读取参数文件

下列哪个选项是正确的启动步骤？（　　　）（3分）

A. 7，1，5，2，3，6，4

B. 1，2，3，7，5，6，4

C. 7，1，4，5，2，3，6

D. 1，7，5，4，2，3，6

考核知识点：数据库基础

难易度：中

标准答案：A

Jb0704372035　当执行一个 COMMIT 语句时，哪一个操作发生在最后？（　　　）（3分）

A. LGWR 进程把重做日志缓冲区（中的数据）重写到重做日志文件中

B. 通知用户（进程）提交已经完成

C. 服务器进程将一条提交的记录放在重做日志文件缓冲区

D. 服务器进程记录数据上的资源锁可以被释放

考核知识点：数据库基础

难易度：中

标准答案：D

Jb0704373036　将 GRE 封装后的隧道接口的 IPX 报文格式，按照 1，2，3 的次序，正确的是（　　　）。（3分）

A. 链路层，IP，GRE，IPX

B. 链路层，GRE，IPX，IP

C. 链路层，GRE，IP，IPX

D. 链路层，IP，IPX，GRE

考核知识点：信息网络基础

难易度：难

标准答案：A

Jb0704373037　第 1 类和第 2 类虚拟化管理程序之间的区别是什么？（　　　）（3分）

A. 第 1 类虚拟化管理程序比第 2 类虚拟化管理程序的速度慢

B. 第 1 类虚拟化管理程序可以取代其他操作系统

C. 第 1 类虚拟化管理程序作为应用程序在 Windows 或 Linux 中运行

D. 第 1 类虚拟化管理程序仅消耗虚拟机使用的资源

考核知识点：主机基础

难易度：难

标准答案：C

Jb0704373038　AIX 系统中，通过以下（　　　）命令可以判定 VG 中两个 PV 的镜像是否正常。（3分）

　A. lsvgrootvg|grepmirror

B. lsvg-o|lsvg-li

C. lslv   D. lsdisk-P

考核知识点： 主机基础

难易度： 难

标准答案： B

Jb0704373039 RIP 避免环路机制中的水平分割是指（   ）。（3分）

A. 划分子接口

B. 不把收到的路由信息传给下一条

C. 不把收到此路由信息回传给原端口

D. 将路由表划分为几个部分

考核知识点： 网络基础

难易度： 难

标准答案： C

Jb0704373040 Transact-SQL 对标准 SQL 的扩展主要表现为（   ）。（3分）

A. 加入了程序控制结构和变量

B. 加入了建库和建表语句

C. 提供了分组（GroupBy）查询功能

D. 提供了 min、max 等统计函数

考核知识点： 数据库

难易度： 难

标准答案： A

多 选 题

Jb0704381041 假设子网掩码为 255.255.254.0，下面哪两个 IP 地址用于分配给主机使用？（   ）（5分）

A. 113.10.4.0   B. 186.54.3.0   C. 175.33.3.255   D. 26.35.2.255

考核知识点： 网络基础

难易度： 易

标准答案： BD

Jb0704381042 为 FusionSphere OpenStack OM 服务添加 DNS 时，以下说法正确的是（   ）。（5分）

A. 域名格式为 local-oam.domainname.com

B. 单节点部署时，IP 地址为 FusionSphere OpenStack OM 在 External_API 平面浮动 IP 地址

C. 单节点部署时，IP 地址为 FusionSphere OpenStack OM 在 External_OM 平面浮动 IP 地址

D. 单节点部署时，IP 地址为 FusionSphere OpenStack OM 管理 IP 地址

考核知识点： 云平台基础

难易度： 易

标准答案： AD

Jb0704381043 下列哪些是 Windows 自带的传输加密软件?（　　　）（5分）

A. SSH 　　　　　　　B. TLS 　　　　　　　C. IPSec VPN 　　　　　　　D. SSL

考核知识点： 主机基础

难易度： 易

标准答案： CD

Jb0704381044 解决 IPS 单点故障的方法有（　　　）。（5分）

A. 采用硬件加速技术 　　　　　　　　　　B. 硬件 ByPass

C. 双机热备 　　　　　　　　　　　　　　D. 优化检测技术

考核知识点： 云平台基础

难易度： 易

标准答案： BCD

Jb0704381045 下列哪些卷可以提高磁盘性能且存在容错功能?（　　　）（5分）

A. 简单卷 　　　　　　B. 镜像卷 　　　　　　C. RAID5 卷 　　　　　　D. 跨区卷

考核知识点： 主机基础

难易度： 易

标准答案： BC

Jb0704381046 关于/etc/group 文件的描述下列哪些是正确的?（　　　）（5分）

A. 用来分配用户到每个组

B. 给每个组的 ID 分配一个名字

C. 存储用户的口令

D. 详细说明哪些用户能访问网络资源，比如打印机资源

考核知识点： 主机基础

难易度： 易

标准答案： AB

Jb0704382047 下面关于 OSPF 协议说法正确的是（　　　）。（5分）

A. hello 报文周期性发送，用来发现和维持 OSPF 邻居关系

B. DD 报文描述本地 LSDB 的摘要信息，用于两台设备进行数据库同步

C. LSU 报文用于向对方发送其所需要的 LSA

D. LSAck 报文用来对收到的 LSA 进行确认

考核知识点： 网络基础

难易度： 中

标准答案： ABCD

Jb0704382048 下列说法中错误的是（　　　）。（5分）

A. 服务器的端口号是在一定范围内任选的，客户进程的端口号是预先配置的

B. 服务器的端口号和客户进程的端口号都是在一定范围内任选的

C. 服务器的端口号是预先配置的，客户进程的端口是在一定范围内任选的

D. 服务器的端口号和客户进程的端口号都是预先配置的

考核知识点：主机基础

难易度：中

标准答案：ABD

Jb0704382049 下面哪些运算符会从最终结果中删除重复的行？（　　）（5分）

A. INTERSECT　　　　B. minUS　　　　C. UNION　　　　D. UNIONALL

考核知识点：数据库基础

难易度：中

标准答案：ABC

Jb0704382050 对三层网络交换机描述正确的是（　　）。（5分）

A. 不能隔离冲突域　　　　　　　　　　B. 只工作在数据链路层

C. 通过 VLAN 设置能隔离广播域　　　　D. VLAN 之间通信需要经过三层路由

考核知识点：网络基础

难易度：中

标准答案：CD

Jb0704382051 某数据库实例在过去的一个月中持续运行，其中 AWR 快照保留时间为 7 天，STATISTICS_LEVEL 参数设置为 TYPICAL，用户反映前一天下午 7 点到下午 9 点数据库性能较差，为了诊断问题，以下哪些操作被执行？（　　）（5分）

A. 使用 ASH 报告

B. 使用 AWR 对比报告

C. 使用前一天下午 7 点到下午 9 点的 ADDM 报告

D. 使用前一天下午 7 点到下午 9 点的 AWR 对比报告

考核知识点：数据库基础

难易度：中

标准答案：BCD

Jb0704383052 下面是关于线程的叙述，其中正确的是（　　）。（5分）

A. 线程自己拥有一点资源，但它可以使用所属进程的资源

B. 由于同一进程中的多个线程具有相同的地址空间，因此它们之间的同步和通信也易于实现

C. 进程创建与线程创建的时空开销不相同

D. 进程切换与线程切换的时空开销相同

考核知识点：主机基础

难易度：难

标准答案：BC

Jb0704383053 关闭 MySQL 服务的命令是（　　）。（5分）

A. service mysqld stop　　　　　　B. /etc/init.d/mysqld stop

C. service mysql stop　　　　　　　D. mysqladmin-u -p shutdown

考核知识点：数据库基础

难易度：难

标准答案：ABD

Jb0704383054 关于多协议标记交换（三层交换）技术，下面的描述中正确的是（　　）。（5分）

A. 标记是一个固定长度的标号　　　　　　B. 标记用于区分不同的源和目标

C. 路由器使用标记进行路由查找　　　　　D. 每个数据包都要加上一个标记

考核知识点： 网络基础

难易度： 难

标准答案：ACD

Jb0704383055 安装 Oracle 数据库之前，配置操作系统内核参数，描述正确的是（　　）。（5分）

A. 前缀为 shm 的参数是有关内存配置的

B. 前缀为 sem 的参数是有关信号量的

C. 配置好内核参数后，需要使用 sysctl　–p 命令使其生效

D. 内核参数与 Oracle 安装没有关系

考核知识点： 数据库基础

难易度： 难

标准答案：ABC

判　断　题

Jb0704391056 10Base-T 网络的标准电缆最大有效传输距离是 100m。（3分）

A. 对　　　　　　　　　　　　　　　　　B. 错

考核知识点： 网络基础

难易度： 易

标准答案：A

Jb0704391057 删除了 ELB 服务以后，如果重新创建 ELB 服务，可以由系统重新分配一个新服务地址，也可以指定原 IP 地址申请。（3分）

A. 对　　　　　　　　　　　　　　　　　B. 错

考核知识点： 云平台基础

难易度： 易

标准答案：A

Jb0704391058 云计算的基本原理：利用非本地或远程服务器（集群）的分布式计算机为互联网用户提供服务（计算、存储、软硬件等服务）。（3分）

A. 对　　　　　　　　　　　　　　　　　B. 错

考核知识点： 云平台基础

难易度： 易

标准答案：A

Jb0704391059 回滚操作不可逆。一旦回滚完成，从快照的创建时间到当前回滚操作这段时间内的数据将全部丢失且不可恢复。（3分）

A. 对　　　　　　　　　　　　　　　　　B. 错

考核知识点：云平台基础

难易度：易

标准答案：A

Jb0704391060　业务系统上线前，应在具有资质的测试机构进行安全测试，并取得检测合格报告。（3分）

A. 对　　　　　　　　　　　　　　　　　B. 错

考核知识点：规章制度

难易度：易

标准答案：A

Jb0704391061　Windows 自带备份软件功能在控制面板里面可以找到。（3分）

A. 对　　　　　　　　　　　　　　　　　B. 错

考核知识点：主机基础

难易度：易

标准答案：A

Jb0704391062　FusionInsigt HD 中，用户想通过 HBase shell 操作来查询某个 HBase 表中的内容，这种场景下推荐管理员给这个用户分配一个账号。（3分）

A. 对　　　　　　　　　　　　　　　　　B. 错

考核知识点：云平台基础

难易度：易

标准答案：B

Jb0704391063　专有云版本 ECS Windows 系统盘支持扩容。（3分）

A. 对　　　　　　　　　　　　　　　　　B. 错

考核知识点：云平台基础

难易度：易

标准答案：B

Jb0704391064　大部分 Web 应用程序现在已经对模型－视图－控制器（MVC）架构进行了标准化，使用单独的代码实现业务逻辑、显示逻辑和用户交互路由逻辑。（3分）

A. 对　　　　　　　　　　　　　　　　　B. 错

考核知识点：主机基础

难易度：易

标准答案：A

Jb0704391065　当数据在两个 VLAN 之间传输时必须使用路由器。（3分）

A. 对　　　　　　　　　　　　　　　　　B. 错

考核知识点：网络基础

难易度：易

标准答案：B

Jb0704391066　为解决通过 DB 数据记录采集适配器采集元数据，通过 DB 数据采集配置将 DB 记录中记录与元模型进行映射。（3 分）

A．对　　　　　　　　　　　　　　　B．错

考核知识点：数据库基础

难易度：易

标准答案：A

Jb0704391067　ISA 类数据采集的数据源是 text file。（3 分）

A．对　　　　　　　　　　　　　　　B．错

考核知识点：数据库基础

难易度：易

标准答案：B

Jb0704391068　动静分离是指将一个网站的动态和静态内容分成两个以上的站点分别承载，动静分离的网站不利于通过 CDN 加速。（3 分）

A．对　　　　　　　　　　　　　　　B．错

考核知识点：主机基础

难易度：易

标准答案：A

Jb0704391069　关系数据库中，实现实体之间联系是通过表与表之间的公共属性。（3 分）

考核知识点：数据库基础

A．对　　　　　　　　　　　　　　　B．错

难易度：易

标准答案：A

Jb0704391070　ECS 实例不支持强制停止，强制停止等同于断电，可能会丢失 ECS 实例操作系统中所有磁盘的数据。（3 分）

A．对　　　　　　　　　　　　　　　B．错

考核知识点：云平台基础

难易度：易

标准答案：B

Jb0704391071　计算机病毒程序可以链接到数据库文件上去执行。（3 分）

A．对　　　　　　　　　　　　　　　B．错

考核知识点：网络安全基础

难易度：易

标准答案：B

Jb0704391072　TCP 是面向连接的协议，在正式收发数据前，必须和对方建立可靠的连接；而 UDP 协议在数据发送前需要与对方先进行三次握手，然后进行数据包发送和接收。UDP 协议的性能

要优于 TCP。（3 分）

    A. 对   B. 错

考核知识点：网络基础

难易度：易

标准答案：B

Jb0704391073   数据中台对外提供可复用的数据处理服务。（3 分）

    A. 对   B. 错

考核知识点：云平台基础

难易度：易

标准答案：A

Jb0704391074   软件根底架构平台是构建在操作体系之上的平台，它为杂乱的软件体系提供技能支撑。（3 分）

    A. 对   B. 错

考核知识点：云平台基础

难易度：易

标准答案：A

Jb0704392075   仅空间管理员可审计用户权限，包含查看用户列表、回收用户权限、对用户进行授权。（3 分）

    A. 对   B. 错

考核知识点：数据库基础

难易度：中

标准答案：A

Jb0704392076   网络核心交换机、路由器等网络设备要冗余配置，合理分配网络带宽，建立业务终端与业务服务之间的访问控制；根据需要划分不同子网；对重要网段采取网络层地址与数据链路层地址绑定措施。（3 分）

    A. 对   B. 错

考核知识点：网络基础

难易度：中

标准答案：A

Jb0704392077   OSPF 支持多进程，在同一台路由器上可以运行多个不同的 OSPF 进程，它们之间互不影响，彼此独立，不同 OSPF 进程之间的路由交互相当于不同路由协议之间的路由交互。（3 分）

    A. 对   B. 错

考核知识点：网络基础

难易度：中

标准答案：A

Jb0704392078　Linux 系统需要备份的数据：配置文件、网页主目录、日志文件。（3分）

A．对　　　　　　　　　　　　　　　　B．错

考核知识点：主机基础

难易度：中

标准答案：B

Jb0704392079　RXBOOT 模式是路由器的维护模式，在密码丢失时，可以进入该模式恢复密码。（3分）

A．对　　　　　　　　　　　　　　　　B．错

考核知识点：网络基础

难易度：中

标准答案：A

Jb0704392080　为数据表创建索引的目的是提高查询的检索性能。（3分）

A．对　　　　　　　　　　　　　　　　B．错

考核知识点：数据库基础

难易度：中

标准答案：A

Jb0704392081　访问控制列表 ACL 既可以控制路由信息又可以过滤数据包。（3分）

A．对　　　　　　　　　　　　　　　　B．错

考核知识点：网络基础

难易度：中

标准答案：A

Jb0704392082　增量同步通过解析日志等技术，将源端产生的增量数据同步至目标端，无需中断业务，实现同步过程中源业务和数据库继续对外提供访问。（3分）

A．对　　　　　　　　　　　　　　　　B．错

考核知识点：主机基础

难易度：中

标准答案：A

Jb0704392083　云盾反欺诈服务可以输出风险评估报告，实时呈现今日、昨日及特定时间段的风险情况，便于跟踪、掌握风险防控情况。（3分）

A．对　　　　　　　　　　　　　　　　B．错

考核知识点：网络安全基础

难易度：中

标准答案：A

Jb0704392084　虚拟化不能屏蔽硬件层自身的差异和复杂度。（3分）

A．对　　　　　　　　　　　　　　　　B．错

考核知识点：主机基础

难易度：中

标准答案：B

Jb0704392085　进程优先级是系统按进程优先级的不同分配 CPU 时间，优先级高的进程会得到更多的 CPU 使用时间。（3 分）

　　A. 对　　　　　　　　　　　　　　　　　B. 错

考核知识点：主机基础

难易度：中

标准答案：A

Jb0704392086　一旦出现死锁，所有进程都不能运行。（3 分）

　　A. 对　　　　　　　　　　　　　　　　　B. 错

考核知识点：主机基础

难易度：中

标准答案：B

Jb0704392087　一个正在运行的进程可以阻塞其他进程，但一个被阻塞的进程不能唤醒自己，它只能等待别的进程唤醒它。（3 分）

　　A. 对　　　　　　　　　　　　　　　　　B. 错

考核知识点：主机基础

难易度：中

标准答案：B

Jb0704392088　在 IAM 控制台创建用户组时，不应当授予数据复制服务管理员 "DRSAdministrator" 权限。（3 分）

　　A. 对　　　　　　　　　　　　　　　　　B. 错

考核知识点：云平台基础

难易度：中

标准答案：B

Jb0704392089　以太网技术是一项应用广泛的技术，按照不同传输速率来分，有 10M、100M、1000M 三类，其中 10M 与 100M 以太网的常用传输介质为双绞线，但 1000M 以太网由于速度过高，传输介质必须用光纤。（3 分）

　　A. 对　　　　　　　　　　　　　　　　　B. 错

考核知识点：网络基础

难易度：中

标准答案：B

Jb0704392090　数据服务当前仅支持 DWS、DLI、HBASE、HIVE、MySQL、RDS 六种数据源类型。（3 分）

　　A. 对　　　　　　　　　　　　　　　　　B. 错

考核知识点：数据库基础

难易度：中

标准答案：A

Jb0704393091　/var/log/messages：记录 Linux 内核消息及各种应用程序的公共日志信息，包括启动、IO 错误、网络错误、程序故障等。（3分）

A. 对　　　　　　　　　　　　　　　　　B. 错

考核知识点：主机基础

难易度：难

标准答案：A

Jb0704393092　Linux 内核引导时，从文件/boot/grub/grub.conf 中读取要加载的文件系统。（3分）

A. 对　　　　　　　　　　　　　　　　　B. 错

考核知识点：主机基础

难易度：难

标准答案：B

Jb0704393093　用 Linux 启动盘启动时可以输入 linux single 进入到单用户模式。（3分）

A. 对　　　　　　　　　　　　　　　　　B. 错

考核知识点：主机基础

难易度：难

标准答案：A

Jb0704393094　根据所维护管理的计算机网络的安全保密要求级别的不同，网络管理员的任务也不同。（3分）

A. 对　　　　　　　　　　　　　　　　　B. 错

考核知识点：网络基础

难易度：难

标准答案：A

Jb0704393095　"表/文件/整库迁移"支持批量迁移表或者文件，还支持同构/异构数据库之间整库迁移，一个作业即可迁移几百张表。（3分）

A. 对　　　　　　　　　　　　　　　　　B. 错

考核知识点：数据库基础

难易度：难

标准答案：A

简　答　题

Jb0704331096　适合于随机存取的有哪些文件？（10分）

考核知识点：主机基础

难易度：易

标准答案：

① 索引顺序文件；② 串联文件。

Jb0704331097　SQL Server 复制有几种方式？（10 分）

考核知识点： 数据库基础

难易度： 易

标准答案：

① 快照复制；② 事务复制；③ 合并复制。

Jb0704331098　Sybase 的版本主要有哪些？（10 分）

考核知识点： 数据库基础

难易度： 易

标准答案：

① UNIX 操作系统下运行的版本；② Novell Netware 环境下运行的版本；③ Windows NT 环境下运行的版本。

Jb0704331099　VRP 支持通过哪几种方式对路由器进行配置？（10 分）

考核知识点： 网络基础

难易度： 易

标准答案：

① 通过 Console 口对路由器进行配置；② 通过 Telent 对路由器进行配置；③ 通过 miniUSB 口对路由器进行配置。

Jb0704331100　Windows Server 2008 系统中，建议关闭的默认服务有哪些？（请至少写出两种）（10 分）

考核知识点： 主机基础

难易度： 易

标准答案：

① Terminal Services；② Server。

Jb0704331101　在 RedHat Linux 文件系统中查找文件目录可以使用的命令有哪些？（10 分）

考核知识点： 主机基础

难易度： 易

标准答案：

① find；② whereis。

Jb0704331102　安装 Linux 系统时，可通过哪些方式加载安装介质？（10 分）

考核知识点： 主机基础

难易度： 易

标准答案：

① nfs；② http；③ local cdrom。

Jb0704331103　在计算机的内置组中，PowerUsers 组有哪些管理功能？（10 分）

考核知识点：主机基础

难易度：易

标准答案：

① 可以共享计算机上的文件夹；② 具有创建用户账户和组账户的权利。

Jb0704331104　C/S 结构的缺点有哪些？（10 分）

考核知识点：中间件基础

难易度：易

标准答案：

① 需要专门的客户端软件；② 兼容性差；③ 开发成本较高；④ 对客户端的操作系统一般会有限制。

Jb0704331105　存储类型有哪些？（10 分）

考核知识点：主机基础

难易度：易

标准答案：

① 电能；② 磁能；③ 光学；④ 手工。

Jb0704331106　请简述动态路由协议的特点。（10 分）

考核知识点：网络基础

难易度：易

标准答案：

① 动态路由协议可自动更新它的路由表并把更新的消息发给它知道的其他动态路由协议；② 目的是网络管理员的管理工作；③ 必须有一个路由协议，例如 RTP 或 OSPF。

Jb0704331107　请简述虚拟存储器的特征。（10 分）

考核知识点：主机基础

难易度：易

标准答案：

① 多次性；② 虚拟性；③ 对换性；④ 离散性。

Jb0704331108　常见的关系型数据库管理系统产品有哪些？（10 分）

考核知识点：数据库基础

难易度：易

标准答案：

Oracle、Sqlserver、mysql、Sybase。

Jb0704331109　虚拟化经常使用的模式或技术有哪些？（10 分）

考核知识点：主机基础

难易度：易

标准答案：

① 单一资源的多个逻辑表示；② 多个资源的单一逻辑表示；③ 在多个资源之间提供单一逻辑表示；④ 单个资源的单一逻辑表示。

Jb0704331110　分布式缓存服务（Redis）通过哪些方式存储数据？（10 分）

考核知识点： 数据库基础

难易度： 易

标准答案：

① KEY；② Value。

Jb0704331111　请简述 CSMA/CD 的工作原理。（10 分）

考核知识点： 网络基础

难易度： 易

标准答案：

① 边发边听；② 冲突停发；③ 随机延迟后重发；④ 先听后发。

Jb0704331112　请写出 BGP 通过 Open 报文协商的参数。（10 分）

考核知识点： 网络基础

难易度： 易

标准答案：

本地路由器标识 Router ID、BGP 版本、BGP 连接保持时间、认证信息。

Jb0704331113　IPSec 的工作模式有哪些？（10 分）

考核知识点： 网络基础

难易度： 易

标准答案：

传输模式、隧道模式。

Jb0704331114　一般说来，系统中的主分区编号表示为 hdax 形式时，编号可能为哪些？（10 分）

考核知识点： 主机基础

难易度： 易

标准答案：

3、4。

Jb0704331115　Linux 操作系统中，与进程管理有关的命令有哪些？（请至少写出两个）（10 分）

考核知识点： 主机基础

难易度： 易

标准答案：

① kill；② pstree；③ ps。

Jb0704331116　SQL Server 2008 提供哪些身份验证模式？（10 分）

考核知识点： 数据库基础

难易度： 易

标准答案：

① Windows 身份验证模式；② SQL Server 和 Windows 身份验证模式。

Jb0704331117　请说明 SQL Server 需要删除的危险存储过程。（10 分）

考核知识点：数据库基础

难易度：易

标准答案：

① xp_cmdshell；② xp_regwrite；③ xp_regread；④ xp_fileexist；⑤ sp_oacreate。

Jb0704331118　请简述应用服务器无法通过网络安全基础网络隔离装置（NDS100）访问数据库的原因。（请至少写出两点）（10 分）

考核知识点：中间件基础

难易度：易

标准答案：

① 应用服务器与数据库服务器的网络不通或路由不可达；② 数据库信息中的 IP 地址及端口配置错误。

Jb0704331119　办公终端操作系统必须安装的软件有哪些？请至少写出两点。（10 分）

考核知识点：主机基础

难易度：易

标准答案：

① 桌面管理系统；② 杀毒软件。

Jb0704331120　关于检测 IP 网络连通性时使用的命令有哪些？请至少写出两点。（10 分）

考核知识点：网络基础

难易度：易

标准答案：

① Ping 本地 ip，检查网卡是否工作正常；② Ping 命令可以用来检测主机到本地网关的连通性。

Jb0704331121　Windows DNS Server 服务包含哪种 zone？（10 分）

考核知识点：网络基础

难易度：易

标准答案：

① 标准主 zone；② 标准从 zone；③ AD 集成的 zone。

Jb0704331122　请写出创建数据库用户 test 命令。（10 分）

考核知识点：数据库基础

难易度：易

标准答案：

create user test identified by test。

Jb0704331123　CentOS Linux 系统上，哪些命令能够监控磁盘实时读写速率？（请至少写出两点）（10 分）

考核知识点：主机基础

难易度：易

标准答案：

① sar；② iostat。

Jb0704331124　运维人员可以通过什么方式禁用系统不需要的控制面板？（请至少写出两点）（10 分）

考核知识点：主机基础

难易度：易

标准答案：

① 命令行；② PHP 脚本。

Jb0704331125　vi 编辑器可通过什么方法保存并退出？（10 分）

考核知识点：主机基础

难易度：易

标准答案：

① :wq。② :x。

Jb0704331126　华为 UltraPath 会对以下哪几种状态的路径进行例测？（请至少写出两点）（10 分）

考核知识点：云平台基础

难易度：易

标准答案：

① 故障路径；② 空闲的可用路径。

Jb0704331127　云安全主要考虑的关键技术有哪些？（请至少写出两点）（10 分）

考核知识点：云平台基础

难易度：易

标准答案：

① 数据安全；② 应用安全；③ 虚拟化安全。

Jb0704331128　CIFS 的主要模块有哪些？（请至少写出两点）（10 分）

考核知识点：主机基础

难易度：易

标准答案：

① SMB；② NBT；③ Browsing。

Jb0704331129　目前集成平台使用的版本有哪些？（10 分）

考核知识点：云平台基础

难易度：易

标准答案：

① 2.0；② 3.0。

Jb0704332130 负载均衡分类包括哪些？（10 分）

考核知识点：主机基础

难易度：中

标准答案：

① HTTP 重定向负载均衡；② DNS 域名解析负载均衡；③ 反向代理负载均衡；④ 网络层负载均衡；⑤ 数据链路层负载均衡。

Jb0704332131 基于直接测量算法的网络吞吐量测量工具有哪些？（10 分）

考核知识点：网络基础

难易度：中

标准答案：

① Treno；② Cap；③ Netperf；④ Iperf。

Jb0704332132 选择排队作业中等待时间最长的作业优先调度，该调度算法可能有哪些？做简要描述。（10 分）

考核知识点：主机基础

难易度：中

标准答案：

① 高响应比优先调度算法；② 优先权调度算法。

Jb0704332133 WebLogic 启动时很慢，可能的原因有哪些？（10 分）

考核知识点：中间件基础

难易度：中

标准答案：

① config.xml 配置需要部署的应用程序太多；② 数据库连接池的最小连接数配置太大。

Jb0704332134 公司大部分业务系统均通过负载均衡设备对外提供服务，后端由 WebLogic 提供服务器，其默认情况下 WebLogic 的 access.log 日志无法得到访问用户的真实物理 IP 地址，为得到用户访问时的 IP 地址，需要采取哪些措施？（请至少写出两点）（10 分）

考核知识点：中间件基础

难易度：中

标准答案：

① 在负载均衡设备上对该虚拟服务增加 x-forward-for 字段；② 将 WebLogic 日志格式改为扩展日志，并增加对 x-forward-for 字段的记录。

Jb0704332135 一个集群主要有哪些功能？（10 分）

考核知识点：主机基础

难易度：中

标准答案：

① High Availability（HA）（HA 功能）；② Distributed Resource Scheduler（DRS）（动态资源平衡）。

Jb0704332136 若 tnsnames.ora 文件中部分配置如下：xfhtdb=（DESCRIPTION=（ADDRESS=（PROTOCOL=TCP）（HOST=hello）（PORT=1521））（CONNECT_DATA=（SERVER=DEDICATED）（SERVICE_NAME=scce）））则表明哪些内容？（10 分）

考核知识点： 数据库基础

难易度： 中

标准答案：

① 对应数据库的 SID 为 scce；② Oracle 服务器所在的主机名为 hello。

Jb0704332137 假设通过使用如下的 DDL 语句创建了一个新用户——dog CREATE USER dog IDENTIFIED BY wangwang；dog 创建之后，并没有授予这个用户任何权限，现在 dog 用户需要在其默认表空间中创建一个表，请问必须至少授予它哪 3 个系统权限？（10 分）

考核知识点： 数据库基础

难易度： 中

标准答案：

① CREATE TABLE；② CREATE SESSION；③ UNLIMITED TABLESPACE。

Jb0704332138 以太网交换机端口的工作模式可以被设置为哪些内容？（10 分）

考核知识点： 网络基础

难易度： 中

标准答案：

① 全双工；② 半双工；③ 自动协商方式。

Jb0704332139 数据库运行中可能产生故障的原因有哪几类？（10 分）

考核知识点： 数据库基础

难易度： 中

标准答案：

① 事务内部的故障；② 系统故障；③ 介质故障；④ 计算机病毒。

Jb0704332140 哪些操作可以解决 Linux 下因 Java 随机数问题导致 WebLogic 启动慢的问题？（10 分）

考核知识点： 中间件基础

难易度： 中

标准答案：

① 启动参数配置：-Djava.security.egd=file:/dev/./urandom；② 配置 java.security 文件中的 securerandom.source=file:/dev/./urandom。

Jb0704332141 可以减少热块争用（BUFFER BUSY WAIT）的方法有哪些？（请至少写出两种）（10 分）

考核知识点： 数据库基础

难易度：中

标准答案：

① 使用 BLOCK_SIZE 较小的表空间存储；② 减少全表扫描。

Jb0704332142 Linux 中，可以用来显示目录空间使用情况的命令有哪些？（请至少写出两种）（10 分）

考核知识点：主机基础

难易度：中

标准答案：

df、du。

Jb0704332143 交换机中，通常有四种功能不同、材质不同的内存，请对至少两种功能进行描述。（10 分）

考核知识点：网络基础

难易度：中

标准答案：

① Flash：闪存，用于保护 IOS 系统软件；② NVRAM：非易失性可读写存储器，掉电后仍然可以保存信息，用于保存 IOS 启动时读入的配置数据。

Jb0704332144 Oracel 数据库热备份的缺点有哪些？（请至少写出两点）（10 分）

考核知识点：数据库基础

难易度：中

标准答案：

① 因为难以维护，所以要特别仔细小心，不允许"以失败而告终"；② 若热备份不成功，所得结果不可用于时间点的恢复；③ 不能出现 B，否则后果严重。

Jb0704332145 请描述云服务器容灾服务的功能。（10 分）

考核知识点：云平台基础

难易度：中

标准答案：

① 支持 ECS/BMS 跨 Region 容灾；② 支持 ECS/BMS 容灾测试；③ 支持 ECS/BMS 容灾计划性切换；④ 支持数据中心故障后，在异地恢复保护中的云服务器。

Jb0704332146 哪些命令的作用是启动 WebLogic 服务？（10 分）

考核知识点：中间件基础

难易度：中

标准答案：

① start Managed weblogic.sh；② start weblogic.sh。

Jb0704332147 Weblogic 系统出现挂起故障，可能的原因有哪些？（请至少写出两点）（10 分）

考核知识点：中间件基础

难易度：中

标准答案：

① WebLogic 或 Java 应用程序代码中存在死锁线程；② WebLogic 执行线程数较小，线程队列有阻塞的请求；③ JVM 垃圾回收（GC）频繁或 Bug；④ 文件描述符数不足。

Jb0704332148 Oracle 必需的进程有哪些？（请至少写出两点）（10 分）

考核知识点：数据库基础

难易度：中

标准答案：

① SMON；② CKPT；③ PMON。

Jb0704332149 在实际优化过程中，我们通常需要优化语句的访问路径，请简述优化访问路径的方法。（10 分）

考核知识点：数据库基础

难易度：中

标准答案：

① 调整索引的访问方式；② 及时根据执行计划的开销调整表连接顺序；③ 及时更新表的统计信息，让 CBO 选择正确的执行计划；④ 正确选择表与表之间的连接方式。

Jb0704332150 补丁程序的三种状态是什么？（10 分）

考核知识点：网络安全基础

难易度：中

标准答案：

① 激活；② 去激活；③ 运行。

Jb0704332151 VPN 的核心技术是什么？（10 分）

考核知识点：网络安全基础

难易度：中

标准答案：

① 隧道技术；② 身份认证；③ 访问控制。

Jb0704332152 在 shell 中，当用户准备结束登录对话进程时，可用哪些命令？（请至少写出两点）（10 分）

考核知识点：主机基础

难易度：中

标准答案：

① logout；② exit；③ ctrl＋d。

Jb0704332153 请写出配置禁止 root 远程登录的方法或命令。（10 分）

考核知识点：主机基础

难易度：中

标准答案：

① vi/etc/ssh/sshd_config；② 调整 Permit Root Login 参数值为 no。

Jb0704332154　在处理 Linux 系统出现的各种故障时，故障的症状是最先发现的，而导致这一故障的原因才是最终排除故障的关键。熟悉故障经常用到的命令可以有效定位故障点，请问会用到的命令有哪些？（请至少写出两种）（10 分）

考核知识点：主机基础

难易度：中

标准答案：

① vmstat；② top；③ sar。

Jb0704333155　由于服务器意外掉电宕机，经过查看 oracle alert 日志，发现是 UNDO 表空间损坏而造成数据库系统无法开启，请简述修复步骤。（10 分）

考核知识点：数据库基础

难易度：难

标准答案：

① 查询当前数据库使用的是哪个取消表空间（UNDO1），创建新的取消表空间（UNDO2）；② 将参数设置为 UNDO_MANAGEMNET＝MANUALUNDO_TABLESPACE＝UNDO2；③ 重建表空间 UNDO1，将参数设置为 UNDO_MANAGEMNET＝AUTOUNDO_TABLESPACE＝UNDO1；④ 删除取消表空间（UNDO2）。

Jb0704333156　数据库内存结构组件有哪些？（请至少写出两点）。（10 分）

考核知识点：数据库基础

难易度：难

标准答案：

① shared-pool；② log-buffer；③ db-cache-buffer；④ keep-cache。

Jb0704333157　关于 Oracle 中的分区表，根据你的理解，请做至少三种描述。（10 分）

考核知识点：数据库基础

难易度：难

标准答案：

① 对每一个分区，可以建立本地索引；② 可以用 exp 工具只导出单个分区的数据；③ 可以通过 altertable 命令，把一个现有分区分成多个分区。

Jb0704333158　VMware 快照有哪些特点？（请至少写出两点）。（10 分）

考核知识点：主机基础

难易度：难

标准答案：

① 快照是以文件的形式存在；② 每一次的快照就会产生一个新的 Delta 文件，而以前的 Delta 文件就进入一个只读状态；③ 快照文件大小增长粒度为 16M。

Jb0704333159　关于 VRRP 中的虚拟 MAC 地址有哪些特点？（请至少写出一点）（10 分）

考核知识点：网络基础

难易度：难

标准答案：

① 虚拟交换机根据虚拟交换机 ID 生成的 MAC 地址；② 一个虚拟交换机拥有一个虚拟 MAC 地址。

Jb0704333160 Service Stage 为您提供完整的应用生命周期管理，它有哪些优点？（请至少写出两点）（10 分）

考核知识点：云平台基础

难易度：难

标准答案：

① 应用创建到下线的全流程管理，包括创建、部署、启动、升级、回滚、扩容、停止和删除应用等功能；② 提供全面的监控和分布式调用链分析工具，帮助您把握应用上线后的运行状况；③ 提供日志分析能力，自动获取业务日志并支持通过日志关键词告警，日志与调用链联动排查线上问题功能，且可以在控制台上进行日志查看、日志检索。

Jb0704333161 华为云镜像服务主要功能有哪些？（10 分）

考核知识点：云平台基础

难易度：难

标准答案：

① 管理公共镜像，例如，按操作系统类型/名称/ID 搜索，查看镜像 ID、系统盘大小等详情，查看镜像支持的特性（用户数据注入、磁盘热插拔等）；② 管理私有镜像，例如，修改镜像属性，共享镜像，复制镜像等；③ 由现有运行的云服务器，或由外部导入的方式来创建私有镜像；④ 通过镜像创建云服务器。

Jb0704333162 请描述数据库接口规范。（10 分）

考核知识点：数据库基础

难易度：难

标准答案：

① ODBC；② OCI；③ DAO。

Jb0704333163 可以获取 Thread Dump 的途径有哪些？（10 分）

考核知识点：中间件基础

难易度：难

标准答案：

① kill −3 <pid>；② js tack <pid>；③ WLST；④ 控制台。

Jb0704333164 在一个大型企业的省级分公司部署 HCS8.0 私有云平台，会用到私有云平台的哪些区域？（10 分）

考核知识点：云平台基础

难易度：难

标准答案：

① Region；② AZ。

Jb0704333165 中间件的类型有哪些？（10 分）

考核知识点：中间件基础

难易度：难

标准答案：

应用中间件、消息中间件、事物中间件、Web 中间件。

Jb0704333166 请简述 Worker、Executor、Task 之间的关系。（10 分）

考核知识点：大数据基础

难易度：难

标准答案：

① 每个 Executor 可以运行多个 Task；② 每个 Worker 可以运行多个 Executor；③ 每个 Executor 可以运行不同组件的 Task。

Jb0704333167 YARN 中从节点主要负责哪些工作？（10 分）

考核知识点：大数据基础

难易度：难

标准答案：

① 监督 container 的生命周期；② 监控每个 container 的资源使用情况。

Jb0704333168 对于有数据库的应用系统，为什么在配置存储快照的同时，还需要采用快照代理？（请至少写出两点）（10 分）

考核知识点：存储/中间件

难易度：难

标准答案：

① 数据库采用了缓存机制，如果仅对磁盘中的数据进行快照操作，而不顾及服务器缓存中的数据，会造成快照与预期中的数据不一致；② 在存储设备执行数据快照操作时，必须同时兼顾磁盘和缓存中的数据，才能严格保证数据的一致性。

Jb0704333169 云原生四大应用是指哪些？（10 分）

考核知识点：云平台基础

难易度：难

标准答案：

① DevOps；② 持续交付；③ 容器；④ 微服务。

Jb0704333170 当路由出现环路时，可能会产生哪些问题？（10 分）

考核知识点：网络基础

难易度：难

标准答案：

① 路由器的内存消耗增大；② 路由器的 CPU 消耗增大。

Jb0704333171 当路由器运行在同一个 ospf 区域中时，LSDB 和路由表有哪些特点？（请至少写出两点）（10 分）

考核知识点：网络基础

难易度：难

标准答案：

① 所有路由器得到的链路状态数据库是相同的；② 各台路由器的路由表是不同的。

Jb0704333172　用 Telnet 方式登录路由器时，可以选择哪些认证方式？（请至少写出两点）（10 分）

考核知识点： 网络基础

难易度： 难

标准答案：

① password 认证；② AAA 认证。

第六章　信息运维检修工高级工技能操作

Jc0704341001　Oracle 监听日志查看。（100 分）

考核知识点： 数据库基础

难易度： 易

技能等级评价专业技能考核操作工作任务书

一、任务名称

Oracle 监听日志查看。

二、适用工种

信息运维检修工高级工。

三、具体任务

在 Oracle 数据库中，列出 Oracle 监听日志路径，并查看最后一次是哪个地址连接数据库。

四、工作规范及要求

要求单人操作完成。

五、考核及时间要求

本考核操作时间为 30 分钟，包括测试验证时间，时间到停止考核。

技能等级评价专业技能考核操作评分标准

工种	信息运维检修工			评价等级	高级工
项目模块	数据库基础—在 Oracle 数据库中监听日志查看		编号		Jc0704341001
单位		准考证号		姓名	
考试时限	30 分钟	题型	单项操作	题分	100 分
成绩		考评员	考评组长	日期	
试题正文	Oracle 监听日志查看				
需要说明的问题和要求	由单人完成 Oracle 数据库日志查看，并符合相关要求				

序号	项目名称	质量要求	满分	扣分标准	扣分原因	得分
1	监听日志查看	按要求完成监听日志查看	100	未成功列出 Oracle 监听日志路径，扣 50 分；查询最后一次连接数据库地址未成功，扣 50 分		
	合计		100			

Jc0704341002　Linux 文件压缩和解压。（100 分）

考核知识点： 主机基础

难易度： 易

技能等级评价专业技能考核操作工作任务书

一、任务名称

Linux 文件压缩和解压。

二、适用工种

信息运维检修工高级工。

三、具体任务

（1）使用 root 用户在根目录创建 test 文件夹。

（2）将 test 文件夹压缩为 gz 格式。

（3）删除 test 文件夹。

（4）解压 gz 格式的 test 压缩文件至根目录。

四、工作规范及要求

要求单人操作完成。

五、考核及时间要求

（1）本考核操作时间为 20 分钟，包括报告整理时间，时间到停止考核。

（2）问题查找和排除过程中，如确实不能查找出问题，可向考评员申请排除问题，该项问题项目不得分，但不影响其他项目。

技能等级评价专业技能考核操作评分标准

工种	信息运维检修工				评价等级	高级工
项目模块	主机基础—Linux 文件压缩和解压			编号		Jc0704341002
单位			准考证号		姓名	
考试时限	20 分钟	题型		单项操作	题分	100 分
成绩		考评员		考评组长	日期	
试题正文	Linux 文件压缩和解压					
需要说明的问题和要求	独立完成 Linux 文件压缩和解压					

序号	项目名称	质量要求	满分	扣分标准	扣分原因	得分
1	Linux 文件压缩和解压					
1.1	使用 root 用户在根目录创建 test 文件夹	正确创建文件夹	20	未正确创建文件夹，扣 20 分		
1.2	将 test 文件夹压缩为 gz 格式	正确压缩文件夹	30	未正确压缩文件夹，扣 30 分		
1.3	删除 test 文件夹	正确删除文件夹	20	未正确删除文件夹，扣 20 分		
1.4	解压 gz 格式的 test 压缩文件至根目录	正确解压文件夹	30	未正确解压文件夹，扣 30 分		
	合计		100			

Jc0704342003 Oracle 数据库数据文件迁移。(100 分)
考核知识点：数据库基础
难易度：中

技能等级评价专业技能考核操作工作任务书

一、任务名称
Oracle 数据库数据文件迁移。

二、适用工种
信息运维检修工高级工。

三、具体任务
请将 user.dbf 文件从/oracle/oradata/orcl 移动到/oracle/oradata/user/orcl 下，并进行如下操作：
（1）关停数据库服务。
（2）迁移数据文件。
（3）重启动数据库。
（4）更改数据文件路径。

四、工作规范及要求
要求单人操作完成。

五、考核及时间要求
（1）本考核操作时间为 60 分钟，包括报告整理时间，时间到停止考核。
（2）问题查找和排除过程中，如确实不能查找出问题，可向考评员申请排除问题，该项问题项目不得分，但不影响其他项目。

技能等级评价专业技能考核操作评分标准

工种	信息运维检修工				评价等级	高级工
项目模块	数据库基础—Oracle 数据库数据文件迁移			编号		Jc0704342003
单位			准考证号		姓名	
考试时限	60 分钟	题型		单项操作	题分	100 分
成绩		考评员		考评组长	日期	
试题正文	Oracle 数据库数据文件迁移					
需要说明的问题和要求	独立完成 Oracle 数据库数据文件迁移					

序号	项目名称	质量要求	满分	扣分标准	扣分原因	得分
1	关停数据库服务	使用正确命令操作	20	操作不成功，扣 20 分		
2	迁移数据文件	使用正确命令操作	30	操作不成功，扣 30 分		
3	重启动数据库	使用正确命令操作	20	操作不成功，扣 20 分		
4	更改数据文件路径	使用正确命令操作	30	未删除坏盘，扣 30 分		
	合计		100			

Jc0704342004　创建负载均衡 VS。（100 分）

考核知识点：主机基础

难易度：中

技能等级评价专业技能考核操作工作任务书

一、任务名称

创建负载均衡 VS。

二、适用工种

信息运维检修工高级工。

三、具体任务

在负载均衡中创建一个 VS，设置其负载方式为 4 层负载，会话保持 30 分钟，SNAT 设置为 AutoMap。

四、工作规范及要求

要求单人操作完成。

五、考核及时间要求

本考核操作时间为 30 分钟，包括测试验证时间，时间到停止考核。

技能等级评价专业技能考核操作评分标准

工种	信息运维检修工				评价等级	高级工
项目模块	主机基础—在负载均衡中创建一个 VS			编号	Jc0704342004	
单位			准考证号		姓名	
考试时限	30 分钟	题型		单项操作	题分	100 分
成绩		考评员		考评组长	日期	
试题正文	创建负载均衡 VS					
需要说明的问题和要求	独立完成负载均衡 VS 创建					

序号	项目名称	质量要求	满分	扣分标准	扣分原因	得分
1	创建 VS	按要求完成 VS 创建	100	VS 未成功创建，扣 30 分；负载方式未设置成功，扣 20 分；会话保持设置未成功，扣 20 分；SNAT 设置未成功，扣 30 分		
	合计		100			

Jc0704342005　Linux 设置用户密码复杂度。（100 分）

考核知识点：主机基础

难易度：中

技能等级评价专业技能考核操作工作任务书

一、任务名称

Linux 设置用户密码复杂度。

二、适用工种

信息运维检修工高级工。

三、具体任务

设置用户密码复杂度，要求如下：

（1）最少 2 个大写字母。

（2）最少 1 个数字。

（3）最少 2 个小写字母。

（4）最少 1 个特殊字符。

（5）最少 3 个不同字符。

（6）最小 8 位密码长度。

四、工作规范及要求

要求单人操作完成。

五、考核及时间要求

（1）本考核操作时间为 30 分钟，包括报告整理时间，时间到停止考核。

（2）问题查找和排除过程中，如确实不能查找出问题，可向考评员申请排除问题，该项问题项目不得分，但不影响其他项目。

技能等级评价专业技能考核操作评分标准

工种	信息运维检修工			评价等级	高级工
项目模块	主机基础—Linux 设置用户密码复杂度		编号		Jc0704342005
单位		准考证号		姓名	
考试时限	30 分钟	题型	单项操作	题分	100 分
成绩		考评员	考评组长	日期	
试题正文	Linux 设置用户密码复杂度				
需要说明的问题和要求	独立完成 Linux 用户密码复杂度设置				

序号	项目名称	质量要求	满分	扣分标准	扣分原因	得分
1	Linux 设置密码复杂度					
1.1	最少 2 个大写字母	进入 /etc/pam.d/system-auth 文件，找到 password requisite pam_cracklib.so，修改 ucredit 配置内容	16	未正确配置 ucredit 内容，扣 16 分		
1.2	最少 1 个数字	进入 /etc/pam.d/system-auth 文件，找到 password requisite pam_cracklib.so，修改 dcredit 配置内容	16	未正确配置 dcredit 内容，扣 16 分		
1.3	最少 2 个小写字母	进入 /etc/pam.d/system-auth 文件，找到 password requisite pam_cracklib.so，修改 lcredit 配置内容	16	未正确配置 lcredit 内容，扣 16 分		
1.4	最少 1 个特殊字符	进入 /etc/pam.d/system-auth 文件，找到 password requisite pam_cracklib.so，修改 ocredit 配置内容	16	未正确配置 ocredit 内容，扣 16 分		

续表

序号	项目名称	质量要求	满分	扣分标准	扣分原因	得分
1.5	最少 3 个不同字符	进入 /etc/pam.d/system-auth 文件，找到 password requisite pam_cracklib.so，修改 difok 配置内容	16	未正确配置 difok 内容，扣 16 分		
1.6	最小 8 位密码长度	进入 /etc/pam.d/system-auth 文件，找到 password requisite pam_cracklib.so，修改 minlen 配置内容	20	未正确配置 minlen 内容，扣 20 分		
	合计		100			

Jc0704323006　路由重发布（OSPF 与 RIP）。（100 分）

考核知识点：网络基础

难易度：难

技能等级评价专业技能考核操作工作任务书

一、任务名称

路由重发布（OSPF 与 RIP）。

二、适用工种

信息运维检修工高级工。

三、具体任务

在完成交换机基础配置基础上使得 PC1 与 PC2 能够互访。连接拓扑图见图 Jc0704323006。

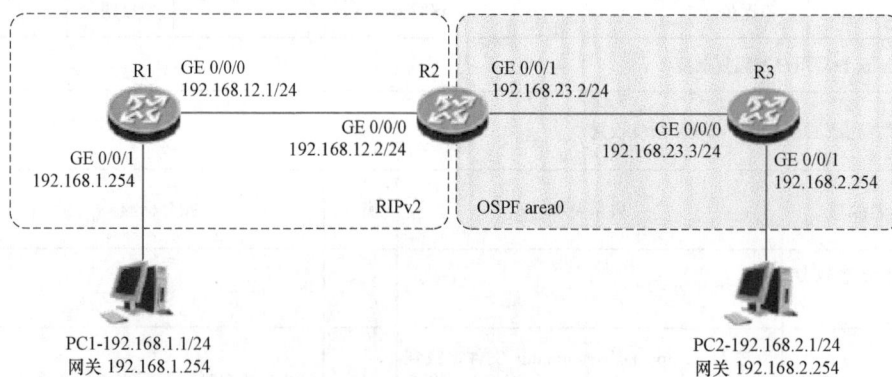

图 Jc0704323006

（1）R1 与 R2 之间运行 RIP；R2 与 R3 之间运行 OSPF。

（2）在 R2 上完成路由重发布的配置，使得全网的路由能够互通。

（3）完成所有配置后，要求 PC1 与 PC2 能够互访。

四、工作规范及要求

要求单人操作完成。

五、考核及时间要求

（1）本考核操作时间为 60 分钟，包括报告整理时间，时间到停止考核。

（2）问题查找和排除过程中，如确实不能查找出问题，可向考评员申请排除问题，该项问题项目不得分，但不影响其他项目。

技能等级评价专业技能考核操作评分标准

工种		信息运维检修工			评价等级	高级工
项目模块		网络基础—路由重发布		编号		Jc0704323006
单位			准考证号		姓名	
考试时限	60 分钟	题型		单项操作	题分	100 分
成绩		考评员		考评组长	日期	
试题正文	路由重发布（OSPF 与 RIP）					
需要说明的问题和要求	独立完成路由重发布					

序号	项目名称	质量要求	满分	扣分标准	扣分原因	得分
1	路由重发布（OSPF 与 RIP）	正确完成要求基础配置				
1.1	基本配置	按照拓扑图，将路由器以及 PC 的基础信息进行配置	10	未配置成功，扣 10 分		
1.2	RIP 协议启用	在 R1 和 R2 上启用 RIP 协议，并宣告相应的路由信息	20	协议未启用，扣 20 分		
1.3	OSPF 协议启用	在 R2 和 R3 上启用 OSPF 协议，并宣告相应的路由信息	20	协议未启用，扣 20 分		
1.4	RIP 路由重发布	将 RIP 路由重发布到 OSPF，使得 OSPF 域内的路由器能够学习到 RIP 域的路由	20	路由未配置成功，扣 20 分		
1.5	OSPF 路由重发布	将 OSPF 路由重发布到 RIP，使得 RIP 域内的路由器能够学习到 OSPF 域的路由	20	路由未配置成功，扣 20 分		
1.6	配置验证	输出 R1、R2 和 R3 的路由信息，并测试 PC1 与 PC2 之间互通	10	路由未配置成功，扣 10 分		
	合计		100			

Jc0704323007　BFD 状态与接口状态联动。（100 分）

考核知识点：网络基础

难易度：难

技能等级评价专业技能考核操作工作任务书

一、任务名称

BFD 状态与接口状态联动。

二、适用工种

信息运维检修工高级工。

三、具体任务

根据设备连接拓扑图（见图 Jc0704323007），test-SWA 和 test-SWD 网络层直连，链路中间存在二层传输设备 test-SWB 和 test-SWC。当链路中间二层传输设备出现故障时，用户希望两端设备能够快速感知到链路故障，触发路由快速收敛。

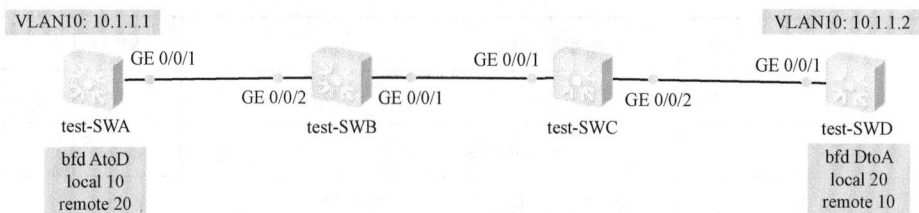

图 Jc0704323007

（1）在 test-SWA 和 test-SWD 上分别配置 BFD 会话，实现 test-SWA 和 test-SWD 间链路的检测。

（2）BFD 会话状态 up 以后分别在 test-SWA 和 test-SWD 上配置 BFD 状态与接口状态联动。

四、工作规范及要求

要求单人操作完成。

五、考核及时间要求

（1）本考核操作时间为 60 分钟，包括报告整理时间，时间到停止考核。

（2）问题查找和排除过程中，如确实不能查找出问题，可向考评员申请排除问题，该项问题项目不得分，但不影响其他项目。

技能等级评价专业技能考核操作评分标准

工种		信息运维检修工			评价等级	高级工
项目模块		网络基础—BFD 状态与接口状态联动		编号		Jc0704323007
单位			准考证号		姓名	
考试时限	60 分钟		题型	单项操作	题分	100 分
成绩		考评员		考评组长	日期	
试题正文	BFD 状态与接口状态联动					
需要说明的问题和要求	独立完成 BFD 状态与接口状态联动					

序号	项目名称	质量要求	满分	扣分标准	扣分原因	得分
1	BFD 状态与接口状态联动	正确完成要求基础配置				
1.1	基本配置	配置 test-SWA 和 test-SWD 的直连接口 IP 地址	10	未按要求配置，扣 10 分		
1.2	BFD Session 配置	在 test-SWA 上使能 BFD，配置与 test-SWD 之间的 BFD Session	20	未按要求配置，扣 20 分		
		在 test-SWD 上使能 BFD，配置与 test-SWA 之间的 BFD Session	20	未按要求配置，扣 20 分		
1.3	配置 BFD 状态与接口状态联动	在 test-SWA 上配置 BFD 状态与接口状态联动	20	未按要求配置，扣 20 分		
		在 test-SWD 上配置 BFD 状态与接口状态联动	20	未按要求配置，扣 20 分		

续表

序号	项目名称	质量要求	满分	扣分标准	扣分原因	得分
1.4	验证配置结果	在正常与模拟端口 shutdown 情况下，查看 BFD 状态	10	未按要求测试，扣 10 分		
	合计		100			

第四部分
技　师

第七章 信息运维检修工技师技能笔答

单 选 题

Jb0704271001 （　　　）比较适合反映数据随时间推移的变化趋势。（3分）

A. 折线图　　　　　　B. 饼图　　　　　　C. 圆环图　　　　　　D. 柱形图

考核知识点：大数据基础

难易度：易

标准答案：A

Jb0704271002 对于 Sybase IQ 的应用领域，下面（　　　）是不正确的。（3分）

A. 决策支持系统（DSS）　　　　　　B. 分布式数据集市

C. 数据仓库　　　　　　D. 数据交换

考核知识点：数据库基础

难易度：易

标准答案：D

Jb0704271003 （　　　）存储系统有自己的文件系统。（3分）

A. DAS　　　　　　B. NAS　　　　　　C. SAN　　　　　　D. MAC

考核知识点：存储

难易度：易

标准答案：B

Jb0704271004 多道程序设计是指（　　　）。（3分）

A. 在实时系统中并发运行多个程序　　　　　　B. 在分布系统中同一时刻运行多个程序

C. 在一台处理机上同一时刻运行多个程序　　　　　　D. 在一台处理机上并发运行多个程序

考核知识点：主机基础

难易度：易

标准答案：D

Jb0704271005 公司中有多个部门和多名职员，每个职员只能属于一个部门，一个部门可以有多名职员，从职员到部门的联系类型是（　　　）。（3分）

A. 多对多　　　　　　B. 一对一　　　　　　C. 多对一　　　　　　D. 一对多

考核知识点：数据库基础

难易度：易

标准答案：C

Jb0704271006 （　　　　）是用于保存数据库的所有变化信息的，从而保护数据库的安全。（3分）

A. 参数文件　　　　　B. 数据文件　　　　　C. 重做日志文件　　　　D. 控制文件

考核知识点： 数据库基础

难易度： 易

标准答案： C

Jb0704271007 关于 WebLogic Portal，下列说法错误的是（　　　　）。（3分）

A. 内置的搜索工具来自 Autonomy

B. 可以和 Apache Server 一起运行

C. 必须使用 WebLogic 提供的软件进行身份认证

D. 可使用第三方 LDAP 软件进行身份认证

考核知识点： 中间件基础

难易度： 易

标准答案： C

Jb0704271008 （　　　　）不是 Oracle 启动时必需的。（3分）

A. 参数文件　　　　　B. 控制文件　　　　　C. 数据文件　　　　　D. 归档文件

考核知识点： 数据库基础

难易度： 易

标准答案： D

Jb0704271009 关于 WebLogic Server，下列说法错误的是（　　　　）。（3分）

A. 每个 Domain 中都必须有且只有一个管理 Server

B. 一个管理 Server 只能管理一个 Domain

C. 在生产环境中，建议只让 AdminServer 承担管理功能，不推荐在 AdminServer 上部署应用和资源

D. 在 ManagedServer 已经处于运行状态时，AdminServer 也需要通过一直运行来保持同步

考核知识点： 中间件基础

难易度： 易

标准答案： D

Jb0704271010 防火墙截断内网主机与外网通信，由防火墙本身完成与外网主机通信，然后把结果传回给内网主机，这种技术称为（　　　　）。（3分）

A. 内容过滤　　　　　B. 地址转换　　　　　C. 透明代理　　　　　D. 内容中转

考核知识点： 中间件基础

难易度： 易

标准答案： D

Jb0704271011 关于表空间（tablespace）的描述，以下哪个是不正确的？（　　　　）（3分）

A. 每张表必须属于一个表空间，而且每张表只能使用一个表空间

B. 表空间是一种逻辑结构，表空间包含 0 个或者多个数据文件，表空间的容量是所属的所有数据文件的总容量

C. 创建表的时候必须为这张表指定表空间，如果没有指定表空间，那么系统会用这个用户的缺

省表空间来存储这张表

  D. 通过 dba_free_space 可以查看某个表空间的剩余空间

考核知识点：数据库基础

难易度：易

标准答案：B

Jb0704271012 关于可以对 WebLogic 集群进行管理的工具的说法错误的是（ ）。（3 分）

  A. 支持管理控制台   B. 支持 JMX 的客户端工具

  C. 支持 WLST   D. 不支持 SNMP 的客户端工具

考核知识点：中间件基础

难易度：易

标准答案：D

Jb0704271013 关于中间件特点的描述，（ ）是不正确的。（3 分）

  A. 中间件可运行于多种硬件和操作系统平台上

  B. 跨越网络、硬件、操作系统平台的应用或服务可通过中间件透明交互

  C. 中间件运行于客户机/服务器的操作系统内核中，提高内核运行效率

  D. 中间件应支持标准的协议和接口

考核知识点：中间件基础

难易度：易

标准答案：C

Jb0704271014 AIX 所特有的文件系统格式是（ ）。（3 分）

  A. NTFS   B. JFS   C. ext3   D. FAT32

考核知识点：主机基础

难易度：易

标准答案：B

Jb0704271015 管理员在安装某业务系统应用中间件 Apache Tomcat 时，未对管理员口令进行修改，现通过修改 Apache Tomcat 配置文件对管理员口令进行修改，以下哪一项是正确的？（ ）（3 分）

  A. <userusername = "admin" password = "123!@#" roles = "tomcat，role1"/>

  B. <userusername = "admin" password = "123!@#" roles = "tomcat"/>

  C. <userusername = "admin" password = "123!@#" roles = "admin，manager"/>

  D. <userusername = "admin" password = "123!@#" roles = "role1"/>

考核知识点：中间件基础

难易度：易

标准答案：C

Jb0704271016 AIX 系统中，（ ）保存了系统宕机时的错误信息。（3 分）

  A. lg_dumplv B. hd1   C. sysdump   D. hd7

考核知识点：主机基础

难易度：易

标准答案：A

Jb0704271017　软件的供应商或是制造商可以在他们自己的产品中或是客户的计算机系统上安装一个"后门"程序。以下（　　　　）是这种情况面临的最主要风险。（3分）

A. 软件中止和黑客入侵　　　　　　　　B. 远程监控和远程维护

C. 软件中止和远程监控　　　　　　　　D. 远程维护和黑客入侵

考核知识点：网络安全基础

难易度：易

标准答案：A

Jb0704271018　假如有两个表的连接是这样的：table_1 INNERJOIN table_2，其中 table_1 和 table_2 是两个具有公共属性的表，这种连接会生成哪种结果集？（　　　）。（3分）

A. 包括 table_1 中的所有行，不包括 table_2 的不匹配行

B. 包括 table_2 中的所有行，不包括 table_1 的不匹配行

C. 包括和两个表的所有行

D. 只包括 table_1 和 table_2 满足条件的行

考核知识点：数据库基础

难易度：易

标准答案：D

Jb0704271019　在操作系统中，"死锁"的概念是指（　　　）。（3分）

A. 程序死循环

B. 硬件发生故障

C. 两个或多个并发进程各自占用某种资源而又都等待其他进程释放它们所占有的资源

D. 系统停止运行

考核知识点：主机基础

难易度：易

标准答案：C

Jb0704271020　IP 路由表中通常含有以下哪种信息？（　　　）（3分）

A. 目的网络地址　　　　　　　　　　　B. 到目的地的开销、出接口、下一条地址

C. 网络中的结点数目　　　　　　　　　D. 网络中的路由器数目

考核知识点：网络基础

难易度：易

标准答案：B

Jb0704271021　上线试运行验收通过后，新建系统即进入正式运行状态，（　　　）部门负责信息系统的安全运行责任。（3分）

A. 承建单位　　　　　B. 互联网职能管理　　　　C. 运行维护单位　　　　D. 信通公司

考核知识点：规章制度

难易度：易

标准答案：C

Jb0704271022 Linux 系统的文件按照其作用都分门别类地放在相关的目录中，对于外部设备一般将其放在（　　　　）目录中。（3分）

A. /bin　　　　　　B. /etc　　　　　　C. /dev　　　　　　D. /lib

考核知识点：主机基础

难易度：易

标准答案：C

Jb0704271023 进行数据库压力测试时要考虑（　　　　）。（3分）

A. 测试脚本是否正确　　B. 测试机性能　　　C. 并发用户规模　　　D. 以上全部

考核知识点：数据库基础

难易度：易

标准答案：D

Jb0704271024 Linux 系统上使用 date 显示当前时间，并使之显示类似于"2015/10/16-20:03"的格式的命令是（　　　　）。（3分）

A. date+%Y/%m/%d-%H:%M　　　　　　B. date" +%Y-%m-%d"

C. date" +%Y_%m_%d%H:%M:%S"　　　　D. date" +%H:%M:%S"

考核知识点：主机基础

难易度：易

标准答案：A

Jb0704271025 每条 SCSI 通道上最多有（　　　　）个 SCSI ID，最多可以连接（　　　　）台物理设备。（3分）

A. 17/16　　　　　　B. 16/15　　　　　　C. 15/14　　　　　　D. 14/13

考核知识点：主机基础

难易度：易

标准答案：B

Jb0704271026 Microsoft Office 软件在安装过程中提示"错误 1311，没有找到源文件 XXX"，（　　　　）不可能是出现错误的原因。（3分）

A. 安装光盘存在问题　　　　　　B. 安装镜像文件损坏

C. 组策略设置不当　　　　　　　D. 安装目录错误

考核知识点：主机基础

难易度：易

标准答案：D

Jb0704271027 Ping -t 中若要查看统计信息并继续操作，应键入（　　　　）。（3分）

A. Enter　　　　　　B. Control-Break　　　C. Control-C　　　　D. Control-E

考核知识点：网络基础

难易度：易

标准答案：B

Jb0704271028 密码学的目的是（　　　）。（3分）

A. 研究数据加密　　　　B. 研究数据解密　　　　C. 研究数据保密　　　　D. 研究网络安全基础

考核知识点：网络安全基础

难易度：易

标准答案：C

Jb0704271029 SQL Server 给用户授权需要用到哪个命令？（　　　）（3分）

A. ALTER AUTHOR　　　　　　　　　　B. ALTER AUTHORER

C. ALTER AUTHORIZATION　　　　　　D. ALTER AUTHORIZATIONS

考核知识点：数据库基础

难易度：易

标准答案：C

Jb0704271030 某企业的网络工程师安装了一台基于 Windows 2012 的 DNS 服务器用于提供域名解析，网络中的其他计算机都作为这台 DNS 服务器的客户机。他在服务器创建了一个标准主要区域，在一台客户机上使用 nslookup 工具查询一个主机名称，DNS 服务器能够正确地将其 IP 地址解析出来，可是当使用 nslookup 工具查询该 IP 地址时，DNS 服务器却无法将其主机名称解析出来。请问，应如何解决这个问题？（　　　）（3分）

A. 在 DNS 服务器区域属性上设置允许动态更新

B. 重新启动 DNS 服务器

C. 在 DNS 服务器反向解析区域中为这条主机记录创建相应的 PTR 指针记录

D. 在要查询的这台客户机上运行命令 Ipconfig

考核知识点：主机基础

难易度：易

标准答案：C

Jb0704271031 UNIX 中能实现从一台服务器远程登录至另一台服务器的命令是（　　　）。（3分）

A. rlogin　　　　　　B. netstat　　　　　　C. ifconfig　　　　　　D. diff

考核知识点：主机基础

难易度：易

标准答案：A

Jb0704271032 在华为云环境中，当需要快速部署多个相同的业务用于开发测试等，操作快速部署相同的业务需（　　　）。（3分）

A. 可以对当前环境的系统盘和数据盘制作镜像，通过镜像文件在本地环境或其他环境申请包含相同数据的云硬盘

B. 批量创建虚拟机，使用工具批量部署

C. 使用数据同步工具，同步虚机之间的数据，快速部署

D. 无法操作

考核知识点：云平台基础

难易度：易

标准答案：A

Jb0704271033　哪个参数控制后台进程跟踪文件的位置？（　　　）（3分）

A. BACKGROUND_DUMP_DEST

B. BACKGROUND_TRACE_DEST

C. DB_CREATE_FILE_DEST

D. 不存在这样的参数，位置因平台而异，无法更改

考核知识点：数据库基础

难易度：易

标准答案：A

Jb0704271034　VLAN ID 的数值范围是（　　　），但是有的交换机只支持 1～1005。（3分）

A. 1～4093　　　　　　B. 1～4094　　　　　　C. 1～4095　　　　　　D. 1～4096

考核知识点：网络基础

难易度：易

标准答案：B

Jb0704271035　ITIL 作为 IT 管理的最佳实践，全称是（　　　）。（3分）

A. IT Infrastructure Library　　　　　　B. IT Index Language

C. IT Integrated Library　　　　　　　　D. IT Information Library

考核知识点：主机基础

难易度：易

标准答案：A

Jb0704271036　VPN 是一种较为经济、安全的联网技术，下面描述 VPN 特点错误的是（　　　）。（3分）

A. VPN 解决数据传输安全性的问题

B. VPN 传输信息时，其信息是通过 RSA 非对称加密算法来加密处理的

C. VPN 技术主要应用于 Internet 网络上，可以方便地实现扩充及管理

D. VPN 可以判断来源 IP，阻止危险或未经授权的 IP 的访问和交换数据

考核知识点：网络基础

难易度：易

标准答案：D

Jb0704271037　WebLogic 的缺省安全策略中，对如下（　　　）做了约束。（3分）

A. 口令的长度　　　　　　　　　　　　B. 口令必须包含什么字母

C. 口令必须包含什么符号　　　　　　　D. 口令中必须包含什么数字

考核知识点：中间件基础

难易度：易

标准答案：A

Jb0704271038　WebLogic 不支持（　　　）组件。（3分）

A. JDBC　　　　　　　　B. servlet　　　　　　　C. JSP　　　　　　　D. ODBC

考核知识点：中间件基础

难易度：易

标准答案：D

Jb0704271039　哪一组组合键可以从第一个虚拟控制台切换到第二个虚拟控制台？（　　　）（3分）

A. Ctrl＋Alt＋2　　　B. Ctrl＋Alt＋F2　　　C. Ctrl＋2（使用数字键盘）　D. 以上都不可以

考核知识点：主机基础

难易度：易

标准答案：B

Jb0704271040　Windows 7 中文全称为（　　　）。（3分）

A. 微软操作系统　　　　　　　　　　　B. 视窗操作系统体验版

C. 操作系统体验版　　　　　　　　　　D. 视窗体验版

考核知识点：主机基础

难易度：易

标准答案：B

Jb0704271041　Windows 执行远程连接的命令为（　　　）。（3分）

A. msconsole　　　　　B. mstsc　　　　　　C. remote_connect　　D. connect

考核知识点：主机基础

难易度：易

标准答案：B

Jb0704271042　哪一种局域网技术使用了 CSMA/CD 技术？（　　　）（3分）

A. Ethernet　　　　　　B. TokenRing　　　　C. FDDI　　　　　　D. 以上所有

考核知识点：网络基础

难易度：易

标准答案：A

Jb0704271043　以下（　　　）的说法说明了 ATM 卡为何是双重鉴定的形式。（3分）

A. 它结合了你是什么和你知道什么　　　B. 它结合了你知道什么和你有什么

C. 它结合了你控制什么和你知道什么　　D. 它结合了你是什么和你有什么

考核知识点：网络安全基础

难易度：易

标准答案：B

Jb0704271044　使用 IMMEDIATE 选项关闭数据库实例，考虑打开数据库需要执行的步骤：

1. 分配 SGA

2. 读取控制文件

3. 读取日志文件

4. 开始实例恢复

5. 启动后台进程

6. 检查数据文件一致性

7. 读取 spfile 或者 pfile

关于这些步骤哪个选项是正确的？（　　　）（3分）

A. 7，1，5，2，3，6，4　　　　　　　B. 1，5，7，2，3，6；step 4 is not required

C. 7，1，5，2，3，6；step 4 is not required　　D. 1，2，3，5，6，4；step 7 is not required

考核知识点：数据库基础

难易度：易

标准答案：C

Jb0704271045　下列（　　　）通常被用来实现网页恶意代码的植入和进行攻击。（3分）

A. 口令攻击　　　　　B. U 盘工具　　　　C. IE 浏览器的漏洞　　D. 拒绝服务攻击

考核知识点：网络安全基础

难易度：易

标准答案：C

Jb0704271046　下列表空间中，（　　　）表空间是运行一个数据库必需的一个表空间。（3分）

A. Rollback　　　　　B. Tools　　　　　C. Temp　　　　　D. System

考核知识点：数据库基础

难易度：易

标准答案：D

Jb0704271047　下列各计算机部件中不是输入设备的是（　　　）。（3分）

A. 键盘　　　　　　B. 鼠标　　　　　C. 显示器　　　　D. 扫描仪

考核知识点：主机基础

难易度：易

标准答案：C

Jb0704271048　信息系统业务授权许可使用需按照的原则不包括（　　　）。（3分）

A. 同步规划　　　　　B. 同步设计　　　　C. 同步安装　　　　D. 同步运行

考核知识点：规章制度

难易度：易

标准答案：C

Jb0704271049　IP 报文头中固定长度部分为多少字节？（　　　）（3分）

A. 10　　　　　　B. 20　　　　　C. 30　　　　　D. 40

考核知识点：网络安全基础

难易度：易

标准答案：B

Jb0704271050　MySQL 赋予用户权限需要用到的命令是（　　　　）。（3分）

A. GRANT　　　　　　B. select　　　　　　C. alter　　　　　　D. change

考核知识点：数据库基础

难易度：易

标准答案：A

Jb0704271051　数据库中，数据的物理独立性是指（　　　　）。（3分）

A. 数据库与数据库管理系统的相互独立

B. 用户程序与 DBMS 相互独立

C. 用户的应用程序与存储在磁盘上数据库中的数据是相互独立的

D. 应用程序与数据库中数据的逻辑结构相互独立

考核知识点：数据库基础

难易度：易

标准答案：C

Jb0704271052　下列协议中不属于应用层协议的是（　　　　）。（3分）

A. FTP　　　　　　B. Telnet　　　　　　C. HTTP　　　　　　D. ICMP

考核知识点：网络基础

难易度：易

标准答案：D

Jb0704272053　Redhat Linux 通过 ssh 登录失败报错 "Host key verification failed" 的处理方法是（　　　　）。（3分）

A. 重启目标端的 sshd 服务

B. 清除本机用户 home 目录下 .ssh/known_hosts 文件并重新连接

C. 重启本机的 sshd 服务

D. 重启 network 服务

考核知识点：主机基础

难易度：中

标准答案：B

Jb0704272054　AIX 环境中有一套 Oracle 10G，双节点采用 RAW 设备存储方式。由于 DBA 失误，他在创建一个表空间的时候，未使用共享存储中在 RAW 设备文件，而使用了本节点的一个本地文件，命令为 "CREATE TABLESPACE ODS_TEST DATAFILE '/Oracle/ods_test.dat' size 1000m;"。请问以下描绘正确的是？（　　　　）（3分）

A. 系统将提示表空间创建失败

B. 系统将无警告，成功创建该表空间，且连接到数据文件所在节点实例的会话可以操作该表空间

C. 系统将成功创建该表空间，且两个节点上的会话都可以正常操作该表空间，但系统重启后将报错

D. 系统将报警但依然成功创建该表空间

考核知识点：数据库基础

难易度：中

标准答案：B

Jb0704272055 启动数据库时，如果一个或多个 CONTROL_FILES 参数指定的文件不存在或不可用，会出现（　　　）的结果。（3分）

A. Oracle 返回警告信息，但不加载数据库
B. Oracle 返回警告信息，并加载数据库
C. Oracle 忽略不可用的控制文件
D. Oracle 返回警告信息，并进行数据库恢复

考核知识点：数据库基础

难易度：中

标准答案：A

Jb0704272056　《国家电网有限公司信息系统上下线管理办法》中要求，信息系统上线试运行期不应少于（　　　）天。（3分）

A. 30　　　　　　　B. 60　　　　　　　C. 90　　　　　　　D. 180

考核知识点：规章制度

难易度：中

标准答案：C

Jb0704272057　Oracle 显示系统时间可以使用下面（　　　）查询。（3分）

A. select systime from dual
B. select sysdate from dual
C. select time from dual
D. select date from dual

考核知识点：数据库基础

难易度：中

标准答案：B

Jb0704272058　如果不重新启动实例，将无法更改（　　　）参数。（3分）

A. MEMORY_MAX_TARGET
B. MEMORY_TARGET
C. PGA_AGGERGATE_TARGET
D. SGA_TARGET

考核知识点：数据库基础

难易度：中

标准答案：A

Jb0704272059　如果要创建一个数据组分组报表，第一个分组表达式是"部门"，第二个分组表达式是"性别"，第三个分组表达式是"基本工资"，当前索引的索引表达式应当是（　　　）。（3分）

A. 部门＋性别＋基本工资
B. 部门＋性别＋STR（基本工资）
C. STR（基本工资）＋性别＋部门
D. 性别＋部门＋STR（基本工资）

考核知识点：数据库基础

难易度：中

标准答案：B

Jb0704272060　如何查看 Oracle 数据库是否处在归档模式？（　　　）（3分）

A. select member from logfile;
B. select sum(bytes)/(1024*1024)as free_space，tablespace_name from dba_free_space group by tablespace_

name；

    C．Select Created From Database；

    D．archive log list；

考核知识点： 数据库基础

难易度： 中

标准答案： D

Jb0704272061　使用[Remove from Inventory（从清单移除）]命令从清单中移除了虚拟机，下列哪种方法可将虚拟机返回清单？（　　　）（3分）

    A．断开主机服务器的连接，然后重新连接

    B．右键单击主机服务器，并选择 Return VM to Inventory（将虚拟机返回清单），然后完成向导

    C．使用 New Virtual Machine（新建虚拟机）向导创建新的虚拟机，但并不创建新的磁盘，而是选择虚拟机的现有磁盘

    D．无法将虚拟机返回清单

考核知识点： 虚拟化技术基础

难易度： 中

标准答案： C

Jb0704272062　JSP 提供的是一种（　　　）的页面技术。（3分）

    A．静态的　　　　　　　B．动态的　　　　　　　C．混合型　　　　　　　D．复杂型

考核知识点： Web 基础

难易度： 中

标准答案： B

Jb0704272063　Oracle 中的（　　　）操作需要数据库启动到 mount 阶段。（3分）

    A．重命名控制文件　　　　　　　　　B．删除用户

    C．切换数据库归档模式　　　　　　　D．删除表空间

考核知识点： 数据库基础

难易度： 中

标准答案： C

Jb0704272064　Smart Connect 补丁管理工具可以帮助 WebLogic 管理员进行补丁管理，它可以（　　　）。（3分）

    A．自动下载补丁　　　　　　　　　　B．验证补丁的相关性并自动安装补丁

    C．自动卸载并备份补丁　　　　　　　D．以上全部

考核知识点： 中间件基础

难易度： 中

标准答案： D

Jb0704272065　使用 RAID 作为网络存储设备有许多好处，以下关于 RAID 的叙述中不正确的是（　　　）。（3分）

    A．RAID 使用多块廉价磁盘阵列构成，提高了性能价格比

B. RAID 采用交叉存取技术，提高了访问速度

C. RAID0 使用磁盘镜像技术，提高了可靠性

D. RAID3 利用一台奇偶校验盘完成容错功能，减少了冗余磁盘数量

考核知识点：主机基础

难易度：中

标准答案：C

Jb0704272066　WebLogic 的生命周期包括（　　　）。（3分）

A. shutdown，admin，resuming，running

B. shutdown，starting，admin，suspend，running

C. shutdown，starting，standby，admin，resuming，running

D. shutdown，starting，standby，admin，suspend，resuming，running

考核知识点：中间件基础

难易度：中

标准答案：D

Jb0704272067　DB2 支持大二分对象（BLOB），允许在数据库中存取（　　　）大对象和文本大对象。（3分）

A. 二进制　　　　　　　　B. 八进制　　　　　　　C. 十进制　　　　　　D. 十六进制

考核知识点：数据库基础

难易度：中

标准答案：A

Jb0704272068　IaaS 是（　　　）的简称。（3分）

A. 软件即服务　　　　　B. 平台即服务　　　　　C. 基础设施即服务　　D. 硬件即服务

考核知识点：云平台基础

难易度：中

标准答案：C

Jb0704272069　Linux 操作系统使用（　　　）命令修改已有用户信息。（3分）

A. userdel　　　　　　　B. useradd　　　　　　　C. usermod　　　　　　D. chage

考核知识点：主机基础

难易度：中

标准答案：C

Jb0704272070　分布式数据库中间件支持线性水平拆分，数据自动重分布；平滑扩容业务不中断，（　　　）级弹性变配。（3分）

A. 小时　　　　　　　　B. 分钟　　　　　　　　C. 秒　　　　　　　　D. 毫秒

考核知识点：数据库基础

难易度：中

标准答案：B

Jb0704272071 Oracle 设置连接超时，需要修改 sqlnet.ora 文件的（　　　　）字段。（3分）

A. SQLNET.TIME
B. SQLNET.EXP_TIME
C. SQLNET.EXPIRE_TIME
D. SQLNET.line_TIME

考核知识点： 数据库基础

难易度： 中

标准答案： C

Jb0704272072 使用 MySQL 客户端远程连接数据库服务器，描述错误的是（　　　　）。（3分）

A. 必须指定服务器主机名或 IP
B. 可以设置空密码
C. 连接后不能修改密码
D. 可以执行 SQL 脚本

考核知识点： 数据库基础

难易度： 中

标准答案： C

Jb0704272073 Sybase 拥有著名的数据库应用开发工具（　　　）。（3分）

A. Power Builder
B. Delphi
C. VC++
D. Pascal

考核知识点： 数据库基础

难易度： 中

标准答案： A

Jb0704272074 事务的持续性是指（　　　）。（3分）

A. 事务中包括的所有操作要么都做，要么都不做
B. 事务一旦提交，对数据库的改变是永久的
C. 一个事务内部的操作对并发的其他事务是隔离的
D. 事务必须使数据库从一个一致性状态变到另一个一致性状态

考核知识点： 数据库基础

难易度： 中

标准答案： B

Jb0704272075 按照《国家电网公司信息系统运行管理办法》的要求，关于特殊巡检的正确描述是（　　　）。（3分）

A. 按既定周期，以及时发现信息系统安全运行隐患和缺陷为目的的巡检
B. 在有外力破坏可能或恶劣气象条件（如雷电、暴雨、高温等）、特殊历史时期、节假日、国家重要会议期间、设备带缺陷运行或其他特殊情况下对设备进行的巡检
C. 由管理人员组织，以了解系统及设备运行状况、检查指导工作为目的的巡检
D. 运行值班人员对信息系统及运行环境的运行状态进行的实时监测

考核知识点： 规章制度

难易度： 中

标准答案： B

Jb0704272076 vSphere 可以解决的可用性难题是（　　　）。（3分）

A. 硬件升级只能在数小时后实现
B. 无中断的灾难恢复测试

C. 防止虚拟机断电　　　　　　　　　　　D. 虚拟机可以随时修补

考核知识点： 虚拟化基础

难易度： 中

标准答案： B

Jb0704272077　视图的优点之一是（　　）。（3分）

A. 提高数据的逻辑独立性　　　　　　　　B. 提高查询效率

C. 操作灵活　　　　　　　　　　　　　　D. 节省存储空间

考核知识点： 数据库基础

难易度： 中

标准答案： A

Jb0704272078　WebLogic 默认是以开发者的模式运行的，为保证安全性应修改为（　　）模式。（3分）

A. ProductionMode　　B. RunMode　　　C. ProductMode　　　D. RunningMode

考核知识点： 中间件基础

难易度： 中

标准答案： A

Jb0704272079　WebLogic 在控制台设置账号锁定策略需要配置（　　）字段。（3分）

A. Lockout Enabled　　B. Lockout Threshold　C. Lockout Duration　　D. Lockout Disabled

考核知识点： 中间件基础

难易度： 中

标准答案： A

Jb0704272080　受管服务器 myserver1 在安全目录中有 boot.properties 文件，startManageWebLogic.sh 脚本文件为服务启动文件。在管理控制台中更改了所有管理员密码，为了继续使用 boot.properties 引导服务启动，需要做什么？（　　）（3分）

A. 这是不可能的，一个 boot.properties 文件只能与管理服务器一起使用

B. 删除 boot.properties 文件，在管理控制台上，在 myserver 配置下，选择生成引导身份文件

C. 什么都不用做，boot.properties 文件中的用户密码会自动更新

D. 编辑 boot.propetties 文件，以明文形式输入新密码，下次 myserver1is 启动时，密码会自动改为加密方式

考核知识点： 中间件基础

难易度： 中

标准答案： D

Jb0704272081　属于第二层的 VPN 隧道协议有（　　）。（3分）

A. IPSec　　　　　　B. PPTP　　　　　C. GRE　　　　　　D. 以上皆不是

考核知识点： 网络安全基础

难易度： 中

标准答案： B

Jb0704272082　创建华为云 RDS 实例后，发现部署在云平台上的业务应用无法访问该数据库，造成该问题的原因可能为（　　　）。（3 分）

A. 实例没开通公网访问

B. 业务应用与 RDS 实例在相同的一个子网

C. 实例所在安全组未放行入向数据库端口访问权限

D. 未配置数控管理员账号

考核知识点：云平台基础

难易度：中

标准答案：C

Jb0704272083　为了对紧急进程或重要进程进行调度，调度算法应采用（　　　）。（3 分）

A. 先进先出调度算法　　　　　　　　B. 优先数法

C. 最短作业优先调度　　　　　　　　D. 定时轮转法

考核知识点：主机基础

难易度：中

标准答案：B

Jb0704272084　为了监视索引的空间使用效率，可以首先分析该索引的结构，使用（　　　）语句，然后查询 INDEX_STATE 视图。（3 分）

A. SELECT INDEX…VALIDATE STRUCTURE;

B. ANALYZE INDEX…VALIDATE STRUCTURE;

C. UPDATE INDEX…VALIDATE STRUCTURE;

D. REBUILD INDEX…VALIDATE STRUCTURE;

考核知识点：数据库基础

难易度：中

标准答案：B

Jb0704273085　Ping 命令使用 ICMP 的（　　　）code 类型。（3 分）

A. Redirect　　　　　　　　　　　　B. Echo reply

C. Source quench　　　　　　　　　　D. Destination Unreachable

考核知识点：网络基础

难易度：难

标准答案：B

Jb0704273086　"ip access-group" 命令在接口上缺省的应用方向是（　　　）。（3 分）

A. in　　　　　　　　　　　　　　　B. out

C. 具体取决于接口应用哪个访问控制列表　　D. 无缺省值

考核知识点：网络基础

难易度：难

标准答案：B

Jb0704273087　SQL 语句"Select round（45.925,0），trunc（45.925）from dual;"的查询结果是（　　　）。（3 分）

A. 4545　　　　　　　B. 4645　　　　　　　C. 4546　　　　　　　D. 4646

考核知识点：数据库基础

难易度：难

标准答案：B

Jb0704273088　AIX 系统中，通过（　　　）命令可以判定 rootvg 中的 PV 是否发生故障。（3 分）

A. lsvg –p rootvg　　　B. lsvg rootvg　　　C. lsdev　　　　　　D. lsdisk-l

考核知识点：主机基础

难易度：难

标准答案：A

Jb0704273089　dump 把文件压缩成.bz2 格式的参数是（　　　）。（3 分）

A. -j　　　　　　　　B. -u　　　　　　　　C. -v　　　　　　　　D. -w

考核知识点：主机基础

难易度：难

标准答案：A

Jb0704273090　下列关于 Docker Container 说法错误的是（　　　）。（3 分）

A. Docker Container 拥有独立的 IP 地址，通常由提供服务调用，是一个封闭的"盒子/沙箱"

B. Docker Container 里可以运行不同 OS 的 Image，比如 Ubuntu 或者 CentOS

C. Docker Container 不建议内部开启一个 SSHD 服务，1.3 版本后新增了 docker exec 命令进入容器内排查问题

D. Docker Container 是 image 的示例，共享内核

考核知识点：虚拟化技术基础

难易度：难

标准答案：A

Jb0704273091　SQL Server 安装程序创建 4 个系统数据库，下列哪个不是系统数据库？（　　　）（3 分）

A. master　　　　　　B. model　　　　　　C. pub　　　　　　　D. msdb

考核知识点：数据库基础

难易度：难

标准答案：C

Jb0704273092　为数据文件启用自动扩展，下列描述正确是（　　　）。（3 分）

A. 它只能在小文件表空间中为数据文件启用

B. 只能为非 OMF 表空间中的数据文件启用

C. 仅当表空间中的现有数据文件启用了自动扩展时，才能为添加到表空间的新数据文件启用

D. 可以使用 ALTER TABLESPACE 命令为表空间中的现有数据文件启用

考核知识点：数据库基础

难易度：难

标准答案：D

Jb0704273093 下面（　　　）文件是 Oracle 数据库的初始化参数文件。（3分）

A. alert_<sid>.log　　　B. init<sid>.ora　　　C. initparam.ora　　　D. param.ini

考核知识点：数据库基础

难易度：难

标准答案：B

Jb0704273094 下面哪个不是 Oracle 数据库支持的备份形式？（　　　）（3分）

A. 冷备份　　　　　B. 温备份　　　　　C. 热备份　　　　　D. 逻辑备份

考核知识点：数据库基础

难易度：难

标准答案：B

Jb0704273095 WebLogic 默认端口是（　　　）。（3分）

A. 7001　　　　　B. 17001　　　　　C. 7005　　　　　D. 17005

考核知识点：中间件基础

难易度：难

标准答案：A

Jb0704273096 按照网络安全基础加固的可控性原则，网络安全基础加固工作应该做到人员可控、（　　　）可控、项目过程可控。（3分）

A. 系统　　　　　B. 危险　　　　　C. 工具　　　　　D. 事故

考核知识点：规章制度

难易度：难

标准答案：C

Jb0704273097 下面不属于 PKI 组成部分的是（　　　）。（3分）

A. 证书主体　　　　　　　　　　　B. 使用证书的应用和系统

C. 证书权威机构　　　　　　　　　D. AS

考核知识点：网络安全基础

难易度：难

标准答案：D

多 选 题

Jb0704281098 下面关于 MySQL 的说法中正确的是（　　　）。（5分）

A. MySQL 是一种关系型数据库管理系统

B. MySQL 软件是一种开放源码软件

C. MySQL 服务器工作在客户端/服务器模式下，或嵌入式系统中

D. MySQL 完全支持标准的 SQL 语句

考核知识点：数据库基础

难易度：易

标准答案：ABC

Jb0704281099　基于 EIP 或者 NAT 网关场景下，(　　　) IP 网段可以用于 VPC 中的子网配置中。(5 分)

A. 192.168.1.0/24　　　　B. 172.16.1.0/24　　　　C. 1.1.1.0/24　　　　D. 2.2.2.0/24

考核知识点：网络基础

难易度：易

标准答案：ABCD

Jb0704281100　下面文件中，不包含供 NFS daemon 使用的目录列表的是 (　　　)。(5 分)

A. /etc/nfs　　　　B. /etc/nfs.conf　　　　C. /etc/exports　　　　D. /etc/netdir

考核知识点：主机基础

难易度：易

标准答案：ABD

Jb0704281101　下面有关 NTFS 文件系统的描述中正确的是 (　　　)。(5 分)

A. NTFS 可自动地修复磁盘错误　　　　B. NTFS 可防止未授权用户访问文件

C. NTFS 没有磁盘空间限制　　　　D. NTFS 支持文件压缩功能

考核知识点：主机基础

难易度：易

标准答案：ABD

Jb0704281102　NodeManager 的内存和 CPU 的数量，是通过 (　　　) 选项进行配置。(5 分)

A. yarn.scheduler.capacity.root.QueueA.maximum-capacity

B. yarn.nodemanager.resource.cpu-vcore

C. yarn.nodemanager.vmem-pmom-ratio

D. yarn.nodemanager.resource.memory-mb

考核知识点：大数据基础

难易度：易

标准答案：BCD

Jb0704281103　在 SolrCloud 模式下，以下关于 Solr 相关概念描述正确的有 (　　　)。(5 分)

A. Collection 是在 SolrCloud 集群中逻辑意义上完整的索引，可以被划分为一个或者多个 Shard，这些 Shard 使用相同的 Config Set

B. Config Set 是 SolrCore 提供服务必须有的一组配置文件，包括 solrconfig.xml 和 schem.xml 等

C. Shard 是 Collection 的逻辑分片，每个 Shard 都包含一个或者多个 replicas，通过选举确定哪个 replica 是 Leader，只有 Leader replica 才能进行处理索引和查询请求

D. Replica 只有处于 active 状态时才会接受索引和查询请求

考核知识点：云平台基础

难易度：易

标准答案：ABD

Jb0704281104 下列关于 FusionInsight LibrA 行存储和列存储的使用场景描述正确的有（　　）。（5分）

A. 列存储适用于统计分析类查询（group，join 多的场景）

B. 行存储适用于点查询（返回记录少，基于索引的简单查询）

C. 列存储适用于点查询（返回记录少，基于索引的简单查询）

D. 行存储适用于即席查询（查询条件列不确定，行存无法确定索引）

考核知识点：大数据基础

难易度：易

标准答案：AB

Jb0704281105 以下属于控制算子的有（　　）。（5分）

A. HashJoin　　　　　B. Append　　　　　C. Agg　　　　　D. RecursiveUnoin

考核知识点：数据库基础

难易度：易

标准答案：BD

Jb0704282106 Object 由（　　）选项组成。（5分）

A. Data　　　　　B. ObjectMeta　　　　　C. value　　　　　D. Key

考核知识点：云平台基础

难易度：中

标准答案：ABD

Jb0704282107 关于 Kafka 的 Peoducer，以下说法正确的是（　　）。（5分）

A. Producer 是消息生产者

B. Producer 生产数据需要指定 Topic

C. 可以同时启动多个 Producer 进程向同一个 Topic 进行数据发送

D. Producer 生产数据时需要先连接 ZooKeeper，而后才连接 Broker

考核知识点：大数据基础

难易度：中

标准答案：ABC

Jb0704282108 关于 MSTP 的基本概念，以下说法正确的有（　　）。（5分）

A. Master 桥即为 IST 的域根

B. Master 端口指 MST 域边界端口

C. Master 端口在所有 MSTI 上的角色都相同

D. 如果把 MST 域看作逻辑上的一个网桥，那么 Master 端口即为该逻辑网桥的根端口

考核知识点：网络基础

难易度：中

标准答案：ACD

Jb0704283109 以下不是 WebLogic 所遵循的标准架构是（　　）。（5分）

A. DCOM　　　　　B. J2EE　　　　　C. DCE　　　　　D. TCPIP

考核知识点：中间件基础

难易度：难

标准答案：ACD

Jb0704283110 以下关于 Java 反序列化漏洞的说法正确的有（   ）。（5分）

A. 利用该漏洞可以在目标服务器当前权限环境下执行任意代码

B. 该漏洞的产生原因是 Apache Commons Collections 组件的 Deserialize 功能存在的设计缺陷

C. Apache Commons Collections 组件中对于集合的操作存在可以进行反射调用的方法，且该方法在相关对象反序列化时并未进行任何校验

D. 攻击者利用漏洞时需要发送特殊的数据给应用程序或给使用包含 Java "InvokerTrans Former.class"序列化数据的应用服务器

考核知识点：网络安全基础

难易度：难

标准答案：ABCD

判 断 题

Jb0704291111 vSphere6.0 在一个集群中最多可支持 8000 个虚拟机。（3分）

A. 对   B. 错

考核知识点：云平台基础

难易度：易

标准答案：A

Jb0704291112 AIX 如果没有 DUMP 分区就不能判定系统的故障，只能等下一次故障发生。（3分）

A. 对   B. 错

考核知识点：主机基础

难易度：易

标准答案：B

Jb0704291113 AIX 主机操作系统一旦打了补丁后，就不能回到原来的补丁级别。（3分）

A. 对   B. 错

考核知识点：主机基础

难易度：易

标准答案：B

Jb0704291114 在 Linux 系统中，/etc/services 文件定义了网络服务的端口。（3分）

A. 对   B. 错

考核知识点：主机基础

难易度：易

标准答案：A

Jb0704291115 BIOS 是基本输入输出系统，用于上电自检、开机引导、基本外设和系统的 CMOS 设置。（3分）

A. 对　　　　　　　　　　　　　　　B. 错

考核知识点：主机基础

难易度：易

标准答案：A

Jb0704291116　Domain 是 WebLogic Server 实例的基本管理单元。（3分）

A. 对　　　　　　　　　　　　　　　B. 错

考核知识点：中间件基础

难易度：易

标准答案：A

Jb0704291117　Host-Only 模式就是 NAT 模式去除了虚拟 NAT 设备。（3分）

A. 对　　　　　　　　　　　　　　　B. 错

考核知识点：网络基础

难易度：易

标准答案：A

Jb0704291118　Internet 最基本的网络协议是 TCP/IP 协议。（3分）

A. 对　　　　　　　　　　　　　　　B. 错

考核知识点：网络基础

难易度：易

标准答案：A

Jb0704291119　IPv4 地址由 64 个比特构成。（3分）

A. 对　　　　　　　　　　　　　　　B. 错

考核知识点：网络基础

难易度：易

标准答案：B

Jb0704291120　Linux apache 日志的路径一般为/usr/local/apache2/logs/access_log。（3分）

A. 对　　　　　　　　　　　　　　　B. 错

考核知识点：主机基础

难易度：易

标准答案：A

Jb0704291121　Linux 创建用户组的命令为 groupadd。（3分）

A. 对　　　　　　　　　　　　　　　B. 错

考核知识点：主机基础

难易度：易

标准答案：A

Jb0704291122 Oracle 数据字典和动态性能视图的所有者是 SYSTEM 用户。(3分)

A. 对   B. 错

考核知识点：数据库基础

难易度：易

标准答案：B

Jb0704291123 SQL 注入漏洞可以读取、删除、增加、修改数据库表信息，及时升级数据库系统并安装最新补丁，可防止 SQL 注入漏洞。(3分)

A. 对   B. 错

考核知识点：数据库基础

难易度：易

标准答案：B

Jb0704291124 MongoDB 未授权访问漏洞修复的方法是添加密码认证。(3分)

A. 对   B. 错

考核知识点：数据库基础

难易度：易

标准答案：A

Jb0704291125 MySQL 默认的 schema 为 dbo。(3分)

A. 对   B. 错

考核知识点：数据库基础

难易度：易

标准答案：B

Jb0704292126 find / -print | wc-l 显示系统中所有文件和目录的数目。(3分)

A. 对   B. 错

考核知识点：主机基础

难易度：中

标准答案：A

Jb0704292127 #tar -cjf all.tar.bz2 *.jpg 这条命令是将所有.jpg 的文件打成一个 tar 包，并且将其用 gzip 压缩，生成一个 gzip 压缩过的包，包名为 all.tar.gz。(3分)

A. 对   B. 错

考核知识点：主机基础

难易度：中

标准答案：B

Jb0704292128 #tar -rf all.tar *.gif 这条命令是更新原来 tar 包 all.tar 中 logo.gif 文件，-u 是表示更新文件。(3分)

A. 对   B. 错

考核知识点：主机基础

难易度：中

标准答案：B

Jb0704292129　#tar -uf all.tar logo.gif 这条命令是解出 all.tar 包中所有文件，-x 是解开的意思。（3分）

A. 对　　　　　　　　　　　　　　　B. 错

考核知识点：主机基础

难易度：中

标准答案：B

Jb0704292130　SMTP 服务的默认端口号是 23，POP3 服务的默认端口号是 110。（3分）

A. 对　　　　　　　　　　　　　　　B. 错

考核知识点：网络基础

难易度：中

标准答案：B

Jb0704292131　使用过滤 route 命令的显示结果只显示默认网关地址。（3分）

A. 对　　　　　　　　　　　　　　　B. 错

考核知识点：网络基础

难易度：中

标准答案：A

Jb0704292132　虚拟机不需要病毒防护，因为它们没有物理硬件。（3分）

A. 对　　　　　　　　　　　　　　　B. 错

考核知识点：云平台基础

难易度：中

标准答案：B

Jb0704292133　在 MySQL 5.7 版本中，默认的存储引擎是 innodb。（3分）

A. 对　　　　　　　　　　　　　　　B. 错

考核知识点：数据库基础

难易度：中

标准答案：A

Jb0704292134　在 Oracle 数据库中，rman 工具必须在数据库关闭或者 nomount 或者 mount 的情况下才能对数据库进行完全备份。（3分）

A. 对　　　　　　　　　　　　　　　B. 错

考核知识点：数据库基础

难易度：中

标准答案：B

Jb0704292135　CD-ROM 表针的文件系统类型是 iso9660。(3分)

A. 对　　　　　　　　　　　　　　　　　B. 错

考核知识点：主机基础

难易度：中

标准答案：A

Jb0704292136　convert gpt 命令可以将 MBR 磁盘转化为 GPT 磁盘。(3分)

A. 对　　　　　　　　　　　　　　　　　B. 错

考核知识点：主机基础

难易度：中

标准答案：A

Jb0704292137　Create 语句可以创建数据库和数据库的一些对象。(3分)

A. 对　　　　　　　　　　　　　　　　　B. 错

考核知识点：数据库基础

难易度：中

标准答案：A

Jb0704292138　在 Oralce12c 中，可以使用"create user y1 identified by passwd;"创建全局用户。(3分)

A. 对　　　　　　　　　　　　　　　　　B. 错

考核知识点：数据库基础

难易度：中

标准答案：B

Jb0704292139　操作系统的所有程序必须常驻内存。(3分)

A. 对　　　　　　　　　　　　　　　　　B. 错

考核知识点：主机基础

难易度：中

标准答案：B

Jb0704292140　EditPlus 属于 Rootkit 检测工具。(3分)

A. 对　　　　　　　　　　　　　　　　　B. 错

考核知识点：主机基础

难易度：中

标准答案：B

Jb0704292141　为了达到组织灾难恢复的要求，备份时间间隔不能超过恢复点目标（RPO）。(3分)

A. 对　　　　　　　　　　　　　　　　　B. 错

考核知识点：主机基础

难易度：中

标准答案：A

Jb0704292142　GHOST 镜像文件可以利用工具进行编辑。(3分)

A. 对　　　　　　　　　　　　　　　　B. 错

考核知识点：主机基础

难易度：中

标准答案：A

Jb0704292143　WebLogic 中 bin 目录下存放可执行文件。(3分)

A. 对　　　　　　　　　　　　　　　　B. 错

考核知识点：中间件基础

难易度：中

标准答案：A

Jb0704292144　Hyper-V 提供快照功能用以备份虚拟机。(3分)

A. 对　　　　　　　　　　　　　　　　B. 错

考核知识点：云平台基础

难易度：中

标准答案：A

Jb0704292145　OGG 在 Oracle Database 上部署复制时，源端数据库不加 SUPPLEMENTAL LOG DATA 就可以实现复制。(3分)

A. 对　　　　　　　　　　　　　　　　B. 错

考核知识点：数据库基础

难易度：中

标准答案：B

Jb0704293146　双绞线电缆中的 4 对线用不同的颜色来标识，EIA/TIA568A 规定的线序为白橙、橙、白绿、蓝、白蓝、绿、白棕、棕。(3分)

A. 对　　　　　　　　　　　　　　　　B. 错

考核知识点：网络基础

难易度：难

标准答案：B

Jb0704293147　ASM 磁盘管理中，通过 rman 的 copy 命令不能激活处于 MOUNTED 状态的磁盘组的磁盘访问。(3分)

A. 对　　　　　　　　　　　　　　　　B. 错

考核知识点：虚拟化/容器基础

难易度：难

标准答案：B

Jb0704293148　Frontpage 是一个制作网页的应用软件。(3分)

A. 对　　　　　　　　　　　　　　　　B. 错

考核知识点：Web 基础

难易度：难

标准答案：A

Jb0704293149 在 WebLogic 中，连接池是在 WebLogic 服务器启动的时候创建的，连接池的大小不能动态调整。（3 分）

A. 对   B. 错

考核知识点：中间件基础

难易度：难

标准答案：B

Jb0704293150 JDBC 是 JVM 虚拟机之间连接的协议。（3 分）

A. 对   B. 错

考核知识点：中间件基础

难易度：难

标准答案：B

简 答 题

Jb0704231151 请简述在 Fusioninsight HD 中使用 Spark SQL，可以通过何种方式（或工具）执行 SQL 语句。（10 分）

考核知识点：云平台基础

难易度：易

标准答案：

① JDBC；② spark-beeline；③ spark-sql。

Jb0704231152 请简述 Redis 的特点。（10 分）

考核知识点：云平台基础

难易度：易

标准答案：

① 低时延；② 丰富的数据结构；③ 支持数据的持久化，可以将内存中的数据保存在磁盘中。

Jb0704231153 SAN 由哪些设备构成？（10 分）

考核知识点：网络基础

难易度：易

标准答案：

① 主机端连接卡；② 连接线缆；③ 连接设备。

Jb0704231154 WLS 支持的部署方式有哪些？（10 分）

考核知识点：中间件基础

难易度：易

标准答案：

① 自动部署；② 控制台部署；③ 命令行部署。

Jb0704231155　请简述三级及以上信息系统的网络安全审计应满足哪些需求。（10 分）

考核知识点： 网络基础

难易度： 易

标准答案：

① 应对网络系统中的网络设备运行状况、网络流量、用户行为等进行日志记录；② 审计记录应包括事件的日期和时间、用户、事件类型、事件是否成功及其他与审计相关的信息；③ 应能够根据记录数据进行分析，并生成审计报表；④ 应对审计记录进行保护，避免受到未预期的删除、修改或覆盖等。

Jb0704231156　inner_OTS 集群的前端机磁盘损坏后可以做哪些操作？（10 分）

考核知识点： 主机基础

难易度： 易

标准答案：

① 将该坏盘机器 IP 加回到 OTS 集群的 VIP 下；② 将坏盘机器的 pangu_chunkserver 节点状态设置为 shutdown，等待 backup 状态由 doing 变成 done；③ 将该坏盘机器 IP 从 OTS 集群的 VIP 下移除；④ 拔掉坏盘，插上新盘，挂载格式化，重启 pangu_chunkserver 并进行冒烟测试。

Jb0704231157　使用完整备份恢复数据库时，恢复的数据包括哪些内容？（10 分）

考核知识点： 数据库基础

难易度： 易

标准答案：

① 表；② 视图；③ 存储过程；④ 触发器。

Jb0704231158　哪些 Windows7 版本允许你加入一个活动目录域？（10 分）

考核知识点： 主机基础

难易度： 易

标准答案：

① Windows 专业版；② Windows 旗舰版；③ Windows 企业版。

Jb0704231159　属于路由器的接口技术有哪些？（10 分）

考核知识点： 网络基础

难易度： 易

标准答案：

① 路由器配置接口；② 广域网接口；③ 局域网接口。

Jb0704231160　向已有数据的表中添加主键时，SQL Server 会通过自动对表中的数据进行检查来保证数据满足哪些要求？（10 分）

考核知识点： 数据库基础

难易度： 易

标准答案：

① 主键值要唯一；② 不允许为 NULL。

Jb0704231161　请简述段式和页式存储管理的区别。（10分）

考核知识点：主机基础

难易度：易

标准答案：

① 页式的逻辑地址是连续的，段式的逻辑地址可以不连续；② 页式的地址是一维的，段式的地址是二维的；③ 分页是操作系统进行，分段是用户确定；④ 各页可以分散存放在主存，每段必须占用连续的主存空间。

Jb0704231162　RAID 技术分为几种不同的等级，分别可以提供不同的速度、安全性和性价比，根据实际情况选择适当的 RAID 级别可以满足用户的要求。RAID 级别的选择的主要因素是哪些？（10分）

考核知识点：主机基础

难易度：易

标准答案：

① 可用性（数据冗余）；② 性能；③ 成本；④ 安全性。

Jb0704231163　用命令成功建立一个用户后，他的信息会记录在哪些文件中？（10分）

考核知识点：主机基础

难易度：易

标准答案：

① /etc/passwd；② /etc/shadow。

Jb0704231164　Windows Server 2008 系统中，建议设置为手动的默认服务有哪些？（10分）

考核知识点：主机基础

难易度：易

标准答案：

① Computer Browser；② Remote Registry；③ Secondary Logon；④ Terminal Services。

Jb0704231165　B/S 结构的优点有哪些？（10分）

考核知识点：主机基础

难易度：易

标准答案：

① 可以随时随地进行查询、浏览等业务处理；② 业务扩展简单方便；③ 维护简单方便；④ 开发简单，共享性强。

Jb0704231166　硬盘分区是针对一个硬盘进行操作的，分区的类型有哪些？（10分）

考核知识点：主机基础

难易度：易

标准答案：

① 扩展分区；② 逻辑分区；③ 逻辑分区。

Jb0704231167　平台软件一般可分为哪些类？（10 分）

考核知识点：云平台基础

难易度：易

标准答案：

①系统平台；②开发平台；③开放平台。

Jb0704231168　三层交换机访问控制列表可以使用哪些属性进行定义？（10 分）

考核知识点：网络基础

难易度：易

标准答案：

① MAC 地址；② IP 地址；③ TCP 端口。

Jb0704231169　使用数据库 DBCA 可以执行哪些任务？（10 分）

考核知识点：数据库基础

难易度：易

标准答案：

①为新数据库配置非标准块大小；②向可用的 Enterprise Manager 管理服务器注册新数据库。

Jb0704231170　RMAN 提供对哪些内容进行备份的功能？（10 分）

考核知识点：数据库基础

难易度：易

标准答案：

①整个数据库；②表空间的每个数据文件或单个数据文件；③控制文件；④所有归档日志或所选归档日志。

Jb0704231171　完全备份可以备份的元素有哪些？（10 分）

考核知识点：数据库基础

难易度：易

标准答案：

①用户表；②系统表；③索引；④视图。

Jb0704231172　AOM 作为云上应用的一站式立体化运维管理平台，可以实现对除 WEB 容器、docker 以外的哪些应用或运行环境的深入监控并进行集中统一的可视化管理？请做描述。（10 分）

考核知识点：云平台基础

难易度：易

标准答案：

①云主机；②存储；③网络；④ kubernetes。

Jb0704231173　进程的状态有哪几类？（10 分）

考核知识点：操作系统

难易度：易

标准答案：

① 运行态；② 就绪态；③ 等待态。

Jb0704231174　提高存储系统安全性的操作有哪些？（至少列举两种）（10 分）

考核知识点：存储

难易度：易

标准答案：

① 配置可访问的 IP 地址；② 配置用户账户审计；③ 配置登录策略；④ 配置账户策略。

Jb0704231175　数据库运行中可能产生的故障有哪些？（至少列举两种）（10 分）

考核知识点：数据库基础

难易度：易

标准答案：

① 事务内部的故障；② 系统故障；③ 介质故障；④ 计算机病毒。

Jb0704231176　对关于 E-R 模型向关系模型转换进行叙述。（至少列举两种）（10 分）

考核知识点：数据库基础

难易度：易

标准答案：

① 一个实体类型转换成一个关系模式，关系的码就是实体的码；② 一个 1:1 联系可以转换为一个独立的关系模式，也可以与联系的任意一端实体所对应的关系模式合并；③ 一个 $m:n$ 联系转换为一个关系模式，关系的码为各实体码的组合；④ 三个或三个以上实体间的多元联系转换为一个关系模式，关系的码为各实体码的组合。

Jb0704231177　SAN 数据存储方式的特点包括哪些？（请至少写出两点）（10 分）

考核知识点：数据库基础

难易度：易

标准答案：

① 网络部署容易；② 高速存储性能；③ 良好的扩展能力。

Jb0704231178　vi 的工作模式有哪些？（10 分）

考核知识点：操作系统

难易度：易

标准答案：

① 编辑模式；② 插入模式；③ 命令模式。

Jb0704231179　依据《国家电网公司十八项电网重大反事故措施》，同一条 220kV 及以上线路的两套继电保护和同一系统的有主备关系的两套安全自动装置通道应满足哪些要求？（请至少写出两点）（10 分）

　　考核知识点：规章制度

　　难易度：易

　　标准答案：

① 双设备；② 双电源；③ 双路由。

Jb0704231180　运维人员可以执行哪些命令对 Linux 的文件描述符进行参数调整？（10 分）

考核知识点：主机基础

难易度：易

标准答案：

① ulimit -as；② ulimit -ah。

Jb0704231181　某项目建设时，根据安全基线要求，Redhlt 系统中查看多余自建账号的命令有哪些？（请至少写出两种）（10 分）

考核知识点：主机基础

难易度：易

标准答案：

① #cat /etc/passwd；② #cat /etc/shadow。

Jb0704232182　请简述计算机木马入侵步骤。（10 分）

考核知识点：网络安全基础

难易度：中

标准答案：

① 信息泄露—建立连接—远程控制；② 配置木马—传播木马—运行木马。

Jb0704232183　信息化架构（SG-EA）管理办法要求，信息化架构管控原则有哪些？（10 分）

考核知识点：规章制度

难易度：中

标准答案：

① 统一架构原则；② 融合共享原则；③ 面向服务的应用架构（SOA）原则；④ 架构收敛原则。

Jb0704232184　云硬盘挂载到虚拟机依赖于哪些服务？（10 分）

考核知识点：云平台基础

难易度：中

标准答案：

① nova；② cinder。

Jb0704232185　在什么情况下将会阻止一个主机配置文件应用到一个 ESXI5.x 主机？（请至少写出两点）（10 分）

考核知识点：主机基础

难易度：中

标准答案：

① 主机还没有进入维护模式；② 主机还在运行虚拟机。

Jb0704232186　在/etc/passwd 文件中保存的其他特殊账户，缺省情况下包括哪些内容？（10 分）

考核知识点：主机基础

难易度：中

标准答案：

① ftp；② mail；③ ip。

Jb0704232187 Linux 支持的文件系统有哪些？（10 分）

考核知识点：主机基础

难易度：中

标准答案：

① ext3；② swap；③ vfat；④ ntfs。

Jb0704232188 Max Compute Graph 支持哪些编辑操作？（10 分）

考核知识点：云平台基础

难易度：中

标准答案：

① 修改点或边的权值；② 增 fiP/删除点；③ 增加/删除边。

Jb0704232189 请简述对 dns 服务器中 mx 记录的理解。（10 分）

考核知识点：网络基础

难易度：中

标准答案：

① mx 即邮件交换器记录；② mx 记录的作用是指定的邮件交换主机提供消息路由。

Jb0704232190 在 Windows 2008 中安装 DHCP 服务器需要满足哪些要求？（10 分）

考核知识点：主机基础

难易度：中

标准答案：

① 服务器应具有静态 ip 地址；② 确定 DHCP 服务器分发给客户机的 ip 地址范围。

Jb0704232191 哪些 UNIX 中的服务由于具有较大的安全隐患，因此在 INTERNET 上面不推荐使用？（10 分）

考核知识点：主机基础

难易度：中

标准答案：

① rlogin；② NIS；③ NFS。

Jb0704232192 MS SQL Server 数据库的可供选择的恢复模型有哪些？（10 分）

考核知识点：数据库基础

难易度：中

标准答案：

① Simple（简单）；② full（完整）；③ bulk-logged（批量日志）。

Jb0704232193 在 Linux 系统中，当 apache 服务环境下 http 无法访问时的检查点有哪些？（10 分）

考核知识点：主机基础

难易度：中

标准答案：

① 服务是否运行；② 网络是否连通；③ apache 日志；④ 内存是否不足。

Jb0704232194　WebLogic Server 系统出现 Out Of Memory Error，可能不足的内存类型有哪些？（10 分）

考核知识点：中间件基础

难易度：中

标准答案：

① 操作系统物理内存；② Java 虚拟机堆内存（Heapspace）；③ 特定 Java 内存（如 PermGenspace）；④ 操作系统 Swap 内存。

Jb0704232195　部署在 Linux 系统中各种业务应用可以通过哪些监控命令查看运行状态？（至少列举两种）（10 分）

考核知识点：主机基础

难易度：中

标准答案：

① pmap；② tcpdump；③ wireshark。

Jb0704232196　请简述 Oracle 必需的进程。（请至少写出两种）（10 分）

考核知识点：数据库基础

难易度：中

标准答案：

① SMON；② CKPT；③ PMON。

Jb0704232197　请简述数据库的恢复方式。（请至少写出两种）（10 分）

考核知识点：数据库基础

难易度：中

标准答案：

① 应急恢复；② 版本恢复；③ 前滚恢复。

Jb0704232198　在 WebLogic 中进行 SSL 的配置，缺省安装中使用的证书库有哪些？（请至少写出两种）（10 分）

考核知识点：中间件基础

难易度：中

标准答案：

① DemoIdentity.jks；② DemoTrust.jks。

Jb0704233199　某业务系统 WebLogic 中间件后台存在弱口令，黑客可以利用后台进行哪些操作？（10 分）

考核知识点：中间件基础

难易度：难

标准答案：

① 上传打包的 WAR 文件，并获取 WEBSHELL；② 关闭某业务系统的运行；③ 删除某业务系统的程序；④ 修改某业务系统运行端口。

Jb0704233200　使用 fsck 命令检查文件系统时，应做哪些操作？（10 分）

考核知识点：主机基础

难易度：难

标准答案：

① 卸载（unmount）将要检查的文件系统；② 最好使用-t 选项指定要检查的文件系统类型。

Jb0704233201　请简述什么是 FusionInsight 网络安全可靠性。（10 分）

考核知识点：云平台基础

难易度：难

标准答案：

① 阻止外部攻击者通过管理通道入侵实际业务数据；② FusionInight 支持网络划分为三级：集群业务平面、集群管理平面和集群外维护网络彼此之间实施物理隔离；③ 避免业务平面的高负载阻塞集群管理通道；④ 网络平面隔离，避免管理与业务带宽抢占、相互干扰。

Jb0704233202　在 BASH 中，若想设定一些永久的参数如 PATH，并不需要每次登录后重新设置，可以在哪些文件中定义这些参数？（10 分）

考核知识点：主机基础

难易度：难

标准答案：

① $HOME/.bashrc；② $HOME/.bash_profile。

Jb0704233203　请简述操作系统中进程和程序的区别。（10 分）

考核知识点：主机基础

难易度：难

标准答案：

① 程序是一组有序的静态指令，进程是一次程序的执行过程；② 程序没有状态，而进程是有状态的；③ 程序可以长期保存，进程是暂时的。

Jb0704233204　在单处理机计算机系统中，多道程序的执行具有哪些特点？（10 分）

考核知识点：主机基础

难易度：难

标准答案：

① 程序执行宏观上并行；② 程序执行微观上串行；③ 设备和处理机只能串行。

Jb0704233205　为了避免 Linux 下 Samba 客户机在网络中寻找 NT 主域服务器，我们可以在/etc/smb.conf 文件中加入哪些内容？（10 分）

考核知识点：主机基础

难易度：难

标准答案：

① domainmaster＝no；② localmaster＝no；③ preferedmaster＝no。

Jb0704233206　SQL 预定义数据类型有哪些？（10 分）

考核知识点：数据库基础

难易度：难

标准答案：

① 整数类型；② 字符串类型；③ 布尔型。

Jb0704233207　在故障检测中，哪些工具可以用来帮助检测连通性？（10 分）

考核知识点：网络基础

难易度：难

标准答案：

① Ping；② TRACEROUTE。

Jb0704233208　哪个版本的 SNMP 协议不支持加密特性？（10 分）

考核知识点：网络基础

难易度：难

标准答案：

① SNMPv1；② SNMPv2；③ SNMPv2c。

Jb0704233209　Linux 中的 netstat 命令的作用是什么？（10 分）

考核知识点：操作系统基础

难易度：难

标准答案：

Linux netstat 命令用于显示网络状态。

Jb0704233210　中间件安全加固中账号与密码安全检查项有哪些？（10 分）

考核知识点：中间件基础

难易度：难

标准答案：

① 禁止非授权用户和组拥有 WebLogic Server 根目录和下级目录的写和执行权限，避免重要数据被修改或删除；② 设置 WebLogic Server 日志文件的访问权限，应只允许管理员具有访问权限。

Jb0704233211　在交互控制方式下，用户可采用哪些语言来控制作业的执行？（10 分）

考核知识点：主机基础

难易度：难

标准答案：

命令语言、会话语言。

Jb0704233212　正确配置 DBCACHE 对于数据库性能具有重要意义，哪些是 dbcache 相关的闩锁？（10 分）

考核知识点：数据库基础

难易度：难

标准答案：

① cache buffer handles；② cache buffers chains；③ cache buffers lruchain。

Jb0704233213 在华为设备中，OSPF 选举 Router ID 的方法有哪些？（10 分）

考核知识点：网络基础

难易度：难

标准答案：

① 如果配置了 Loopback 接口，那么从 Loopback 接口的 IP 地址中选择最大的 IP 地址作为 Router ID；② 如果未配置了 Loopback 接口，那么在其他接口的 IP 地址中选取最大的 IP 地址作为 Router ID；③ 通过手工定义一个任意的合法 Router ID。

Jb0704233214 在一台路由器配置 OSPF，必须手动进行的配置有哪些？（10 分）

考核知识点：网络基础

难易度：难

标准答案：

① 开启 OSPF 进程；② 创建 OSPF 区域；③ 指定每个区域中所包含的网段。

Jb0704233215 简述 IPMI 的主要作用。（10 分）

考核知识点：主机基础

难易度：难

标准答案：

① 故障日志记录和 SNMP 警报发送；② 控制包括开机和关机；③ 操作系统控制台的文本控制台重定向；④ 服务器状态监控。

Jb0704233216 EJB 组件有哪几种？（10 分）

考核知识点：中间件基础

难易度：难

标准答案：

① entity bean；② session bean；③ message-driven bean。

Jb0704233217 请简述距离矢量路由协议的特点。（至少说出两项）（10 分）

考核知识点：网络基础

难易度：难

标准答案：

① 周期性发送路由更新；② 逐条传递路由更新。

Jb0704233218 管理信息大区业务系统使用无线网络传输业务信息时，应具备接入认证、加密等安全机制；接入信息内网时，应使用公司认可的哪些接入安全措施？（10 分）

考核知识点：规章制度

难易度：难

标准答案：

① 认证；② 隔离；③ 加密。

Jb0704233219 全部工作完毕后，工作班应删除工作过程中产生的哪些内容？（10 分）

考核知识点：规章制度

难易度：难

标准答案：

① 临时数据；② 临时账号。

Jb0704233220 在不间断电源上工作时，应注意什么？（10 分）

考核知识点：规章制度

难易度：难

标准答案：

① 新增负载前，应核查电源负载能力；② 裸露电缆线头应做绝缘处理；③ 拆接负载电缆前，应断开负载端电源开关；④ 配置旁路检修开关的不间断电源设备检修时，应严格执行停机及断电顺序。

第八章　信息运维检修工技师技能操作

Jc0704241001　在 MySQL 数据库中修改密码。（100 分）

考核知识点：数据库基础

难易度：易

技能等级评价专业技能考核操作工作任务书

一、任务名称

在 MySQL 数据库中修改密码。

二、适用工种

信息运维检修工技师。

三、具体任务

在 MySQL 数据库中，修改数据库 root 密码为"root#123NX"，并测试登录成功。

四、工作规范及要求

要求单人操作完成。

五、考核及时间要求

本考核操作时间为 30 分钟，包括测试验证时间，时间到停止考核。

技能等级评价专业技能考核操作评分标准

工种	信息运维检修工			评价等级	技师
项目模块	数据库基础—在 MySQL 数据库中修改密码		编号	Jc0704241001	
单位		准考证号		姓名	
考试时限	30 分钟	题型	单项操作	题分	100 分
成绩		考评员	考评组长	日期	
试题正文	在 MySQL 数据库中修改密码				
需要说明的问题和要求	独立完成 MySQL 数据库密码修改				

序号	项目名称	质量要求	满分	扣分标准	扣分原因	得分
1	修改 MySQL 数据库密码	按要求完成密码修改	100	登录到 MySQL 数据库未成功，扣 40 分；修改 MySQL 密码未成功，扣 20 分；刷新权限未成功，扣 20 分；测试登录未成功，扣 20 分		
	合计		100			

Jc0704241002　在 Oracle 数据库中，通过 EXP 方式导出全库。（100 分）

考核知识点：数据库基础

难易度：易

技能等级评价专业技能考核操作工作任务书

一、任务名称
在 Oracle 数据库中，通过 EXP 方式导出全库。

二、适用工种
信息运维检修工技师。

三、具体任务
按要求完成 EXP 方式导出全库。

四、工作规范及要求
要求单人操作完成。

五、考核及时间要求
本考核操作时间为 60 分钟，包括测试验证时间，时间到停止考核。

技能等级评价专业技能考核操作评分标准

工种	信息运维检修工				评价等级	技师	
项目模块	数据库基础—在 Oracle 数据库中 EXP 方式导出全库			编号		Jc0704241002	
单位			准考证号			姓名	
考试时限	60 分钟	题型		单项操作		题分	100 分
成绩		考评员		考评组长		日期	
试题正文	在 Oracle 数据库中，通过 EXP 方式导出全库						
需要说明的问题和要求	独立完成 Oracle 数据库中 EXP 方式导出全库						

序号	项目名称	质量要求	满分	扣分标准	扣分原因	得分
1	EXP 方式导出全库	按要求完成导出	100	EXP 方式导出全库未成功，扣 100 分		
	合计		100			

Jc0704242003　在强隔离客户端中变更数据库密码。（100 分）

考核知识点： 数据库基础

难易度： 中

技能等级评价专业技能考核操作工作任务书

一、任务名称
在强隔离客户端中变更数据库密码。

二、适用工种
信息运维检修工技师。

三、具体任务
按要求完成变更数据库密码。

四、工作规范及要求
要求单人操作完成。

五、考核及时间要求
本考核操作时间为 30 分钟，包括测试验证时间，时间到停止考核。

技能等级评价专业技能考核操作评分标准

工种	信息运维检修工			评价等级	技师
项目模块	数据库基础—在强隔离客户端中变更数据库密码		编号	Jc0704242003	
单位		准考证号		姓名	
考试时限	30分钟	题型	单项操作	题分	100分
成绩		考评员	考评组长	日期	
试题正文	在强隔离客户端中变更数据库密码				
需要说明的问题和要求	独立完成数据库密码变更				

序号	项目名称	质量要求	满分	扣分标准	扣分原因	得分
1	变更数据库密码	按要求完成变更数据库密码	100	真实数据库密码变更未成功，扣30分；真实数据库密码变更完未提交，扣20分；虚拟数据库密码变更未成功，扣30分；应用系统测试未成功，扣20分		
	合计		100			

Jc0704242004　备份及恢复系统操作。（100分）

考核知识点：主机基础

难易度：中

技能等级评价专业技能考核操作工作任务书

一、任务名称

备份及恢复系统操作。

二、适用工种

信息运维检修工技师。

三、具体任务

使用 Windows 上的 Veritas 备份软件对 Linux 上的 Oracle 数据库进行备份，要求用 catalog 方式备份归档及控制文件。

四、工作规范及要求

要求单人操作完成。

五、考核及时间要求

（1）本考核操作时间为 30 分钟，包括报告整理时间，时间到停止考核。

（2）问题查找和排除过程中，如确实不能查找出问题，可向考评员申请排除问题，该项问题项目不得分，但不影响其他项目。

技能等级评价专业技能考核操作评分标准

工种	信息运维检修工			评价等级	技师
项目模块	主机基础—备份及恢复系统操作		编号	Jc0704242004	
单位		准考证号		姓名	
考试时限	30分钟	题型	单项操作	题分	100分
成绩		考评员	考评组长	日期	

续表

试题正文	备份及恢复系统操作					
需要说明的问题和要求	独立完成备份及恢复系统操作					

序号	项目名称	质量要求	满分	扣分标准	扣分原因	得分
1	备份及恢复系统操作					
1.1	使用 Windows 上的 Veritas 备份软件对 Linux 上的 Oracle 数据库进行备份，要求用 catalog 方式备份归档及控制文件	建立备份脚本，脚本放在/home/oracle 目录下。在备份服务器上建立和配置备份策略。手动启动一次备份策略，验证备份配置正确并能够备份成功。手动进行一次恢复操作	100	未建立备份脚本，扣 10 分；脚本未存放在指定目录下，扣 10 分；在备份路径下未建立和配置备份策略，扣 20 分；启动备份策略，未成功备份，扣 40 分；执行手动恢复操作失败，扣 20 分		
	合计		100			

Jc0704243005 配置 EVC 特性。（100 分）

考核知识点：虚拟机基础

难易度：难

技能等级评价专业技能考核操作工作任务书

一、任务名称

配置 EVC 特性。

二、适用工种

信息运维检修工技师。

三、具体任务

在 VMware 集群中配置使用 EVC 特性。

四、工作规范及要求

要求单人操作完成。

五、考核及时间要求

本考核操作时间为 60 分钟，包括测试验证时间，时间到停止考核。

技能等级评价专业技能考核操作评分标准

工种	信息运维检修工			评价等级		技师	
项目模块	虚拟机基础—配置 EVC 特性			编号		Jc0704243005	
单位			准考证号		姓名		
考试时限	60 分钟	题型		单项操作		题分	100 分
成绩		考评员		考评组长		日期	
试题正文	配置 EVC 特性						
需要说明的问题和要求	独立完成 EVC 特性配置						

序号	项目名称	质量要求	满分	扣分标准	扣分原因	得分
1	配置 EVC 特性	按要求完成配置	100	配置未成功，扣 100 分		
	合计		100			

Jc0704223006　BGP 路由反射器。(100 分)

考核知识点：网络基础

难易度：难

一、任务名称

BGP 路由反射器。

二、适用工种

信息运维检修工技师。

三、具体任务

接口及主机配置拓扑图如图 Jc0704223006 所示。其中 test-RT2 为路由反射器（RR），test-RT3 是它的客户机，test-RT1 是非客户机。test-RT3 与 test-RT1 之间没有建立 BGP 连接，但是 test-RT3 可以通过路由反射器 test-RT2 学到 test-RT1 通告的路由，从而实现 test-RT1 下挂 PC1 与 test-RT3 下挂 PC2 互通。

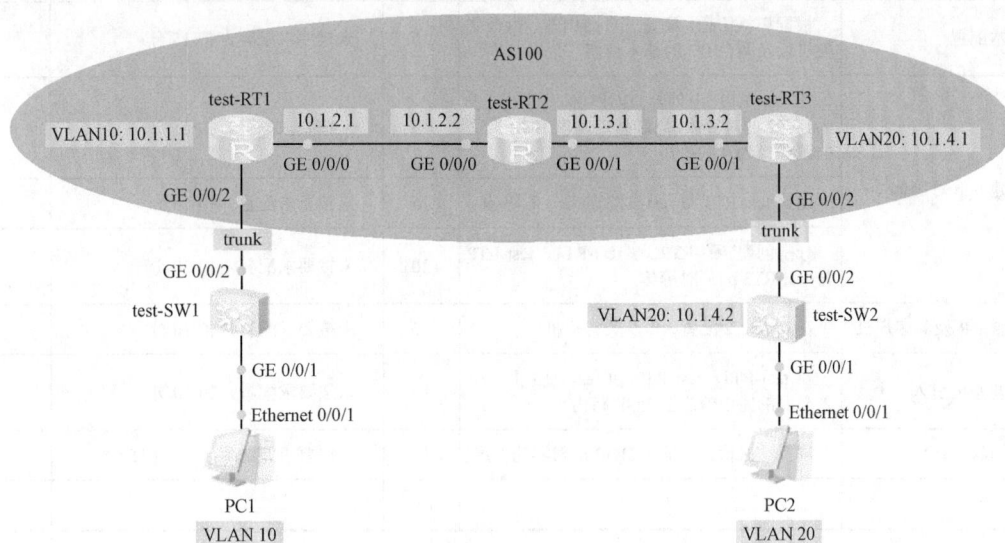

图 Jc0704223006

四、工作规范及要求

（1）要求单人操作完成。

（2）根据拓扑信息，配置三台路由器、两台交换机以及两台 PC 的基本信息。

（3）在 test-RT1 上创建 BGP100，并创建于 test-RT2 的对等体，同时指定发送 BGP 报文的源接口为互联接口。

（4）创建 test-RT3 与 test-RT2 的 bgp 对等体。

（5）创建 test-RT2 与 test-RT1、test-RT2 与 test-RT3 bgp 对等体。

（6）在 test-RT2 配置 RR 及其客户机。

（7）在 test-RT1、test-RT2 和 test-RT3 上，引入必要的路由信息至 BGP 路由。

（8）进行结果检查并简述 BGP 反射器的作用。

五、考核及时间要求

（1）本考核操作时间为 90 分钟，包括报告整理时间，时间到停止考核。

（2）问题查找和排除过程中，如确实不能查找出问题，可向考评员申请排除问题，该项问题项目不得分，但不影响其他项目。

技能等级评价专业技能考核操作评分标准

工种	信息运维检修工		评价等级	技师
项目模块	网络基础—BGP 路由反射器	编号		Jc0704223006
单位		准考证号	姓名	
考试时限	90 分钟	题型	单项操作	题分	100 分
成绩		考评员	考评组长	日期	

试题正文	BGP 路由反射器
需要说明的问题和要求	独立完成交换机及路由器配置

序号	项目名称	质量要求	满分	扣分标准	扣分原因	得分
1	BGP 路由反射器	正确完成要求基础配置				
1.1	基本配置	根据拓扑信息，配置三台路由器、两台交换机以及两台 PC 的基本信息	15	未按要求配置，扣 15 分		
1.2	创建 bgp 对等体	在 test-RT1 上创建 BGP100，并创建于 test-RT2 的对等体，同时指定发送 BGP 报文的源接口为互联接口	15	未按要求配置，扣 15 分		
		创建 test-RT3 与 test-RT2 的 bgp 对等体	15	未按要求配置，扣 15 分		
		分别创建 test-RT2 与 test-RT1、test-RT2 与 test-RT3 bgp 对等体	20	未按要求配置，扣 20 分		
1.3	配置 RR 及其客户机	在 test-RT2 配置 RR 及其客户机	10	未按要求配置，扣 10 分		
1.4	必要路由引入	在 test-RT1、test-RT2 和 test-RT3 上，引入必要的路由信息至 BGP 路由	10	未按要求配置，扣 10 分		
1.5	结果检查	进行结果检查并简述 BGP 反射器的作用	15	未按要求查询/测试，扣 15 分		
	合计		100			

Jc0704223007 OSPF 故障排除。（100 分）

考核知识点： 网络基础

难易度： 难

技能等级评价专业技能考核操作工作任务书

一、任务名称

OSPF 故障排除。

二、适用工种

信息运维检修工技师。

三、具体任务

交换机及主机连接拓扑图如图 Jc0704223007 所示，需实现拓扑图内各设备之间互联互通，现已根据拓扑图对设备做了基础性配置以及启用了 OSFF 协议，但未实现目标结果，要求基于现配置，排查原因，实现目标结果。

交换机及主机连接拓扑图见图 Jc0704223007。

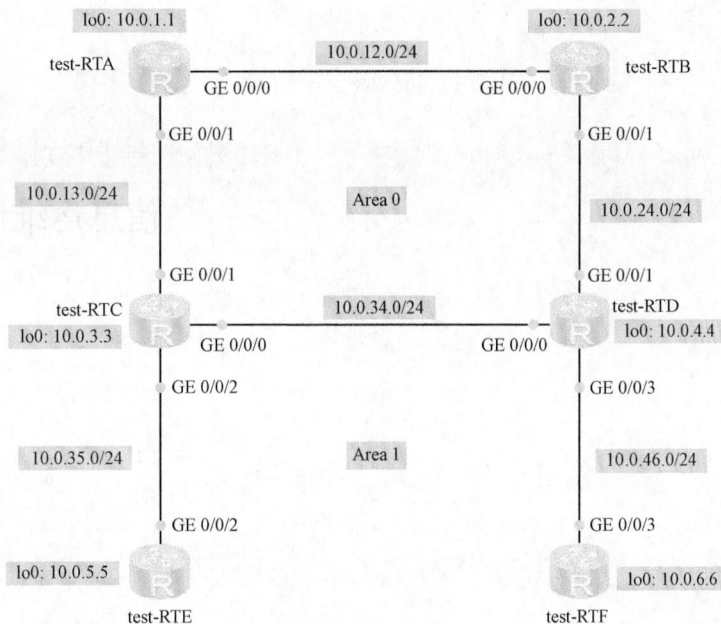

图 Jc0704223007

四、工作规范及要求

（1）要求单人操作完成。

（2）根据组网进行故障排查。

（3）对排查的故障进行修正。

五、考核及时间要求

（1）本考核操作时间为 90 分钟，包括报告整理时间，时间到停止考核。

（2）问题查找和排除过程中，如确实不能查找出问题，可向考评员申请排除问题，该项问题项目不得分，但不影响其他项目。

技能等级评价专业技能考核操作评分标准

工种	信息运维检修工				评价等级	技师	
项目模块	网络基础—OSPF 故障排除			编号		Jc0704223007	
单位			准考证号		姓名		
考试时限	90 分钟	题型		单项操作		题分	100 分
成绩		考评员		考评组长		日期	
试题正文	OSPF 故障排除						
需要说明的问题和要求	独立完成 OSPF 故障排除						

序号	项目名称	质量要求	满分	扣分标准	扣分原因	得分
1	OSPF 故障排除	正确完成要求配置				
1.1	正确排查故障	根据要求找出故障原因	50	未找出故障原因，扣 50 分		
1.2	准确纠正配置	在找出故障原因的基础上，纠正配置，实现全网互通	50	未纠正错误配置，扣 50 分		
	合计		100			

第五部分
高级技师

第九章 信息运维检修工高级技师技能笔答

单 选 题

Jb0704171001 下面对于桌面系统普通用户创建描述正确的是（　　　）。（3分）

A. 普通用户由超级用户创建并分配权限

B. 普通用户由审计用户创建并分配权限

C. 桌面系统自带普通用户，无需创建

D. 普通用户由超级用户创建并由审计用户分配权限

考核知识点：主机基础

难易度：易

标准答案：A

Jb0704171002 （　　　）是 UNIX 操作系统的核心，指挥调度 UNIX 机器的运行。（3分）

A. UNIX Kernel　　　　B. UNIX Shell　　　　C. UNIX Ware　　　　D. UNIX Solaris

考核知识点：主机基础

难易度：易

标准答案：A

Jb0704171003 操作系统的（　　　）部分直接和硬件打交道，（　　　）部分和用户打交道。（3分）

A. kernel；shell

B. shell；kernel

C. BIOS；DOS

D. DOSS；BIOS

考核知识点：主机基础

难易度：易

标准答案：A

Jb0704171004 当将路由引入到 RIP 路由域中时，如果没有指定一个缺省的 metirc，那么该路由项的度量值将被设置为（　　　）。（3分）

A. 15　　　　B. 16　　　　C. 254　　　　D. 255

考核知识点：网络基础

难易度：易

标准答案：A

Jb0704171005 下面关于 SQL 优化的描述，哪个是不正确的？（　　　）。（3分）

A. 尽可能不要编写过多表链接的 SQL

B. 对于多表连接，选择适当的连接顺序和连接方式对性能关系很大

C. HASH JOIN 的性能一般来说好于 NESTED LOOP

D. 通过 rowid 定位某条记录的性能最好

考核知识点： 数据库基础

难易度： 易

标准答案： C

Jb0704171006 下面关于进程、线程的说法正确的是（　　　）。（3分）

A. 进程是程序的一次动态执行过程。一个进程在其执行过程中只能产生一个线程

B. 线程是比进程更小的执行单位，是在一个进程中独立的控制流，即程序内部的控制流。线程本身能够自动运行

C. Java 多线程的运行与平台无关

D. 对于单处理器系统，多个线程分时间片获取 CPU 或其他系统资源来运行。对于多处理器系统，线程可以分配到多个处理器中，从而真正地并发执行多任务

考核知识点： 主机基础

难易度： 易

标准答案： D

Jb0704171007 下面关于约束与索引的说法不正确的是（　　　）。（3分）

A. 在字段上定义 PRIMARY KEY 约束时会自动创建 B 树唯一索引

B. 在字段上定义 UNIQUE 约束时会自动创建一个 B 树唯一索引

C. 默认情况下，禁用约束会删除对应的索引，而激活约束会自动重建相应的索引

D. 定义 FOREIGN KEY 约束时会创建一个 B 树唯一索引

考核知识点： 数据库基础

难易度： 易

标准答案： D

Jb0704171008 在 Red Hat Linux 中，使用 rpm 命令安装 RPM 包使用的参数是（　　　）。（3分）

A. -i　　　　　　　　B. -v　　　　　　　　C. -h　　　　　　　　D. -e

考核知识点： 操作系统

难易度： 易

标准答案： A

Jb0704171009 ARP 协议工作在 OSI/RM 的第（　　　）层。（3分）

A. 2　　　　　　　　B. 3　　　　　　　　C. 4　　　　　　　　D. 1

考核知识点： 网络基础

难易度： 易

标准答案： B

Jb0704171010 下面（　　　）命令可以删除一个用户并同时删除用户的主目录。（3分）

A. rmuser -r　　　　　B. deluser -r　　　　　C. userdel -r　　　　　D. usermgr -r

考核知识点： 主机基础

难易度： 易

标准答案： C

Jb0704171011　IP 扩展访问列表的数字标示范围是（　　　）。（3分）
A. 0～99　　　　　　　B. 1～99　　　　　　C. 100～199　　　　　D. 101～200
考核知识点：网络基础
难易度：易
标准答案：C

Jb0704171012　NFS 服务端的配置中，（　　　）参数可以压缩 root 用户权限，使之登录后为匿名用户。（3分）
A. root_squash　　　　B. nobody　　　　　　C. no_root_squash　　　D. noaccess
考核知识点：主机基础
难易度：易
标准答案：A

Jb0704171013　下面哪一个是国家推荐性标准？（　　　）（3分）
A. GB/T 20281—2020《信息安全技术　防火墙安全技术要求和测试评价方法》
B. SJ/T 30003—2016《军工核心能力建设电子文件管理基础数据》
C. GA 243—2000《计算机病毒防治产品评级准则》
D. GB 18336《信息技术　安全技术　信息技术安全性评估准则》
考核知识点：规章制度
难易度：易
标准答案：A

Jb0704171014　OSPF 通告的是（　　　）。（3分）
A. 路由表　　　　　　B. 链路状态通告　　　C. Router ID　　　　　D. 网络拓扑
考核知识点：网络基础
难易度：易
标准答案：B

Jb0704171015　RedHat Linux 系统上，以下（　　　）命令能够监控网络实时速率。（3分）
A. route　　　　　　　B. netstat　　　　　　C. ip　　　　　　　　D. sar
考核知识点：主机基础
难易度：易
标准答案：D

Jb0704171016　RedHat Linux 系统上查看当前 swap 交换分区使用情况的命令是（　　　）。（3分）
A. dump　　　　　　　B. df　　　　　　　　C. free　　　　　　　D. netstat
考核知识点：主机及操作系统
难易度：易
标准答案：C

Jb0704171017　下面（　　　）最好地描述了风险分析的目的。（3分）
A. 识别用于保护资产的责任义务和规章制度

B. 识别资产以及保护资产所使用的技术控制措施

C. 识别资产、脆弱性并计算潜在的风险

D. 识别同责任义务有直接关系的威胁

考核知识点：网络安全基础

难易度：易

标准答案：C

Jb0704171018 要使冷迁移正常运行，虚拟机必须（   ）。（3分）

A. 处于关闭状态

B. 宿主机性能高

C. 可以在具有相似的 CPU 系列和步进功能的系统之间移动

D. 仍位于冷迁移之前的同一个数据存储中

考核知识点：云平台基础

难易度：易

标准答案：A

Jb0704171019 Tomcat 修改自定义错误界面需要修改（   ）配置文件。（3分）

A. server.xml   B. web.xml   C. config.xml   D. data.xml

考核知识点：中间件基础

难易度：易

标准答案：B

Jb0704171020 UNIX 操作系统中终止进程的命令为（   ）。（3分）

A. df   B. kill   C. ps   D. rm

考核知识点：主机基础

难易度：易

标准答案：B

Jb0704171021 终止一个前台进程可能用到的命令和操作是（   ）。（3分）

A. kill   B. <CTRL>+ "C" 键

C. shut down   D. halt

考核知识点：主机基础

难易度：易

标准答案：B

Jb0704171022 要在 Oracle 11G RAC 环境下修改 PUBLIC IP 和 VIP，步骤如下：

1. 使用 oifcfg 修改集群内 PUBLIC 网卡接口信息

2. 使用 srvctl 修改 vip 信息

3. 使用 oifcfg 修改集群内 PRIVATE 网卡接口信息

4. 修改集群内网络地址及子网掩码

5. 停止所有节点数据库资源

6. 检查并启动 nodeapps 资源和数据库实例

7. 停止所有 nodeapps 资源

下列哪个选项是正确的操作顺序？（　　　）（3分）

A. 5，7，1，2，4，6　　　　　　　B. 5，7，1，3，4，2，6

C. 5，7，1，4，2，6　　　　　　　D. 5，7，1，3，2，4，6

考核知识点： 数据库基础

难易度： 易

标准答案： C

Jb0704171023　按照《国家电网公司信息系统运行管理办法》的要求，新系统上线、大版本升级等接入申请须通过独立的测试机构对其进行的（　　　）后，方可安排接入工作。（3分）

A. 功能测试　　　B. 安全确认测试　　　C. 性能测试　　　D. 以上全部

考核知识点： 规章制度

难易度： 易

标准答案： D

Jb0704171024　要在 RMAN 中启用控制文件自动备份功能，下面哪一条命令是正确的？（　　　）（3分）

A. CONFIGURE CONTROLFILE AUTOBACKUP

B. CONFIGURE CONTROLFILE AUTOBACKUP ON

C. CONFIGURE CONTROLFILE AUTOBACKUP START

D. CONFIGURE CONTROLFILE AUTOBACKUP STARTUP

考核知识点： 数据库基础

难易度： 易

标准答案： B

Jb0704171025　一般而言，Internet 防火墙建立在一个网络的（　　　）。（3分）

A. 内部子网之间传送信息的中枢

B. 每个子网的内部

C. 内部网络与外部网络的交叉点

D. 部分内部网络与外部网络的结合处

考核知识点： 网络安全基础

难易度： 易

标准答案： C

Jb0704171026　一般情况下，外存储器中存储的信息在断电后（　　　）。（3分）

A. 局部丢失　　　B. 大部分丢失　　　C. 不会丢失　　　D. 全部丢失

考核知识点： 主机基础

难易度： 易

标准答案： C

Jb0704171027　以下（　　　）SQL 语句被用来查看 SGA 信息。（3分）

A. SHOW SGA　　　　　　　　　　B. SHOW PARAMETER SGA

C. LIST SGA   D. SHOW CACHE

考核知识点： 数据库基础

难易度： 易

标准答案： A

Jb0704171028   以下（   ）产品特性或工具支持 WebLogic 高可用性。（3 分）

A. WebLogic 服务器群集   B. 节点管理器

C. RMI   D. WTC

考核知识点： 中间件基础

难易度： 易

标准答案： A

Jb0704171029   在存储阵列中最少要有（   ）个全局热备盘。（3 分）

A. 1   B. 2   C. 3   D. 4

考核知识点： 操作系统

难易度： 易

标准答案： A

Jb0704171030   对于 Linux，以下哪项说法是错误的？（   ）（3 分）

A. Linux 是一套免费使用和自由传播的类 UNIX 操作系统

B. Linux 提供强大的应用程序开发环境，支持多种编程语言

C. Linux 提供对 TCP/IP 协议的完全支持

D. Linux 内核不支持 IP 服务质量控制

考核知识点： 主机基础

难易度： 易

标准答案： D

Jb0704171031   关于"进程"的叙述中，正确的是（   ）。（3 分）

A. 一旦创建了进程，它将永远存在   B. 进程是一个能独立运行的程序

C. 进程是程序的一次执行过程   D. 进程比线程更优

考核知识点： 主机基础

难易度： 易

标准答案： C

Jb0704171032   连接到 Virtual Distributed Switch 的虚拟机可能需要与 NSX 逻辑交换机上的虚拟机进行通信，利用以下（   ）功能可以在逻辑交换机上的虚拟机和不是端口组上的虚拟机之间建立直接以太网连接。（3 分）

A. VXLAN 到 VLAN 的桥接

B. VLAN 到 VLAN 的桥接

C. VXLAN 到 VXLAN 的桥接

D. VXLAN 到 LAN 的桥接

考核知识点： 云平台基础

难易度：易

标准答案：A

Jb0704171033 以下（   ）不在 LVM 物理卷的保留区中。（3 分）

A. PVRA 　　　　　　B. VGRA 　　　　　　C. BDRA 　　　　　　D. BBRA

考核知识点：主机基础

难易度：易

标准答案：C

Jb0704171034 数字签名要预先使用单向 hash 函数进行处理的原因是（   ）。（3 分）

A. 多一道加密工序使密文更难破译

B. 提高密文的计算速度

C. 缩小签名密文的长度，加快数字签名和验证签名的运算速度

D. 保证密文能正确还原成明文

考核知识点：网络安全基础

难易度：易

标准答案：C

Jb0704171035 当 Oracle 服务器启动时，下列（   ）文件不是必需的。（3 分）

A. 数据 　　　　　　B. 控制 　　　　　　C. 日志 　　　　　　D. 归档日志

考核知识点：数据库基础

难易度：易

标准答案：D

Jb0704171036 当我们与某远程网络连接不上时，就需要跟踪路由查看，以便了解在网络的什么位置出现了问题，满足该目的的命令是（   ）。（3 分）

A. ping 　　　　　　B. ifconfig 　　　　　　C. traceroute 　　　　　　D. netstat

考核知识点：网络基础

难易度：易

标准答案：C

Jb0704171037 以下有关 Oracle 中 PMON 的叙述正确的是（   ）。（3 分）

A. 将数据从联机日志文件写入数据文件

B. 监控 Oralce 各个后台进程运行是否正常，并清理失败的进程

C. 垃圾收集器：清理任务失败的时候遗留下的资源，恢复实例

D. 将数据从联机日志文件写入数据文件

考核知识点：数据库基础

难易度：易

标准答案：B

Jb0704171038 动态路由协议和静态路由协议哪个开销大？（   ）（3 分）

A. 动态路由 　　　　　　B. 静态路由 　　　　　　C. 一样大 　　　　　　D. 无法比较

考核知识点： 网络基础

难易度： 易

标准答案： A

Jb0704171039　硬盘物理坏道是指（　　　　）。（3分）

A. 硬盘固件损坏，需重写　　　　　　　B. 硬盘磁头损坏

C. 不可修复的磁盘表面磨损　　　　　　D. 可以修复的逻辑扇区

考核知识点： 主机基础

难易度： 易

标准答案： C

Jb0704171040　下列（　　　　）参数用于设置 Oracle 限制用户登录失败的次数。（3分）

A. FAILED_LOGIN_ATTEMPTS　　　　　　B. PASSWORD_LOCK_TIME

C. PASSWORD_GRACE_TIME　　　　　　D. PASSWORD_LIFT_TIME

考核知识点： 数据库基础

难易度： 易

标准答案： A

Jb0704171041　用户 A 执行下面的命令删除数据库中的表达：

SQL>DROP TABLE trans;

当删除表操作正在进行时，用户 B 执行下面的命令在相同的表：

SQL>DELETE FROM trans WHERE tr_type = 'SL';

关于 DELETE 命令下列哪些语句是正确的？（　　　　）（3分）

A. 删除记录失败是因为记录被锁处于 SHARE 模式

B. 删除行成功是因为表被锁处于 SHARE 模式

C. 删除记录失败是因为表被锁处于 EXCLUSIVE 模式

D. 删除行成功是因为表被锁处于 SHARE ROW EXCLUSIVE 模式

考核知识点： 数据库基础

难易度： 易

标准答案： C

Jb0704171042　下列关于虚拟机快照的说法中，哪一项是正确的？（　　　　）（3分）

A. 快照作为单个文件记录，存储在虚拟机的配置目录中

B. 虚拟机一次只能拍摄一张快照

C. 在拍摄快照过程中可以选择是否捕获虚拟机的内存状态

D. 只能从命令行管理快照

考核知识点： 云平台基础

难易度： 易

标准答案： C

Jb0704171043　运行级定义在（　　　　）。（3分）

A. the kernel　　　　　　　　　　　　B. /etc/inittab

C. /etc/runlevels   D. using the rl command

考核知识点：主机基础

难易度：易

标准答案：B

Jb0704171044 在 UNIX 系统中，目录结构采用（　　　）。（3分）

A. 单级目录结构   B. 二级目录结构

C. 单纯树形目录结构   D. 带链接树形目录结构

考核知识点：主机基础

难易度：易

标准答案：D

Jb0704171045 在 WebLogic 中定义 machine 可以起到的作用是（　　　）。（3分）

A. 在 Session 复制时选择复制目标 Server 需要

B. 定义 NodeManager 时需要

C. 绑定 80 端口时需要配置

D. 以上都是

考核知识点：中间件基础

难易度：易

标准答案：B

Jb0704171046 在 IIS 服务安装好后，一般的默认路径为（　　　）。（3分）

A. C:\WINDOWS\system32\Log.log   B. C:\WINDOWS\system32\access.log

C. C:\WINDOWS\system32\files   D. C:\WINDOWS\syste

考核知识点：中间件基础

难易度：易

标准答案：D

Jb0704171047 某单位门户网站主页遭到篡改，可以有效防止这一情况的措施为（　　　）。（3分）

A. 关闭网站服务器自动更新功能   B. 采用网页防篡改措施

C. 对网站服务器进行安全加固   D. 对网站服务器进行安全测评

考核知识点：网络安全基础。

难易度：易

标准答案：B

Jb0704171048 在 DNS 服务器中，从地址到名字的解析中，使用（　　　）域。（3分）

A. 反向   B. 正向   C. 国家   D. 逆向

考核知识点：主机基础

难易度：易

标准答案：A

Jb0704171049　用户离职时，使用部门须在（　　　）个工作日内通知运维单位，并报授权许可部门备案。（3分）

A. 一　　　　　　　　B. 三　　　　　　　　C. 五　　　　　　　　D. 七

考核知识点：规章制度

难易度：易

标准答案：B

Jb0704172050　（　　　）命令用于查看 Linux 网络设备的工作状态。（3分）

A. netstat　　　　　　B. route　　　　　　C. pppd　　　　　　D. traceroute

考核知识点：主机基础

难易度：中

标准答案：A

Jb0704172051　弹性公网 IP 使用时间已经超出了申请时长，需要执行（　　　）操作。（3分）

A. 绑定　　　　　　　B. 解绑　　　　　　C. 延期　　　　　　D. 释放

考核知识点：主机基础

难易度：中

标准答案：C

Jb0704172052　在 Oracle 数据库系统中，控制文件突然坏了，数据库是打开状态，如何恢复控制文件？（　　　）（3分）

A. create pfile from spfile；

B. alter database backup controlfile to trace；

C. alter system set controlfile＝/orctl；

D. 没有办法恢复控制文件

考核知识点：数据库基础

难易度：中

标准答案：B

Jb0704172053　在 Oracle 数据库中想删除重复的查询结果，需要使用（　　　）函数。（3分）

A. COUNT　　　　　　B. DISTINCT　　　　　C. UNION　　　　　D. DESC

考核知识点：数据库基础

难易度：中

标准答案：B

Jb0704172054　下列关于中间件的作用描述错误的是（　　　）。（3分）

A. 中间件降低了应用开发的复杂程度

B. 增加了软件的复用性

C. 中间件应用在分布式系统中

D. 使程序可以在不同系统软件上移植，从而大大减少了技术上的负担

考核知识点：中间件基础

难易度：中

标准答案：C

Jb0704172055　dump 备份成功后，把备份时间记录在/etc/dumpdates 文件的参数是（　　　　）。
（3分）

A. -j　　　　　　　　　B. -u　　　　　　　　　C. -v　　　　　　　　　D. -w

考核知识点：数据库基础

难易度：中

标准答案：B

Jb0704172056　在 Oracle 中，（　　　　）用于在用户之间控制对数据的并发访问。（3分）

A. 锁　　　　　　　　　B. 索引　　　　　　　　C. 分区　　　　　　　　D. 主键

考核知识点：数据库基础

难易度：中

标准答案：A

Jb0704172057　GRE 是 VPN（Virtual Private Network）的第（　　　　）层隧道协议，即在协议
层之间采用了一种被称为 Tunnel（隧道）的技术。（3分）

A. 一　　　　　　　　　B. 二　　　　　　　　　C. 三　　　　　　　　　D. 四

考核知识点：网络基础

难易度：中

标准答案：C

Jb0704172058　内网连接实例关于安全组正确的是（　　　　）。（3分）

A. ECS 与 RDS 实例在相同安全组时，默认 ECS 与 RDS 实例互通，无须设置安全组规则

B. ECS 与 RDS 实例在相同安全组时，默认 ECS 与 RDS 实例不通通，需要设置安全组规则

C. ECS 与 RDS 实例在不同安全组时，只需要为 ECS 设置安全组规则即可

D. 设置 RDS 安全组规则：为 RDS 所在安全组配置相应的出方向规则

考核知识点：数据库基础

难易度：中

标准答案：A

Jb0704172059　Linux 如何关闭路由转发功能？（　　　　）（3分）

A. 将/proc/sys/net/ipv4/ip_forward 的值置为 1

B. 将/proc/sys/net/ipv4/ip_forward 的值置为 0

C. 将/proc/sys/net/ipv4/ip_forward 的值置为 2

D. 将/proc/sys/net/ipv4/ip_forward 的值置为 3

考核知识点：主机基础

难易度：中

标准答案：B

Jb0704172060　有学生表 Student(Sno char(8), Sname char(10), Ssex char(2), Sage integer,
Dno char(2), Sclass char(6))。要检索学生表中"所有年龄小于等于 18 岁的学生的年龄及姓名"，SQL

语句正确的是（   ）。（ 3 分 ）

A. Select Sage, Sname From Student;

B. Select * From Student Where Sage <= 18;

C. Select Sage, Sname From Student Where Sage <= 18;

D. Select Sname From Student Where Sage <= 18;

考核知识点：数据库基础

难易度：中

标准答案：C

Jb0704172061 下列描述正确的是（   ）。（ 3 分 ）

A. Oracle 将 ostatus 修改为 d，不提示任何错误

B. Oracle 不执行更新操作，并返回错误信息

C. Oracle 将 ostatus 修改为 d，同时返回错误信息

D. Oracle 不执行更新操作，也不提示任何错误

考核知识点：数据库基础

难易度：中

标准答案：B

Jb0704172062　Ping-（   ）traget_name 命令中要发送的回显请求数的参数是（   ）。（ 3 分 ）

A. a count　　　　B. n count　　　　C. r count　　　　D. s count

考核知识点：网络基础

难易度：中

标准答案：B

Jb0704172063　RedHat Linux 系统在使用 RPM 安装软件时遇到依赖包问题，通过工具（   ）可以自动完成相关依赖包的安装。（ 3 分 ）

A. INSTALLP　　　B. SETUP　　　　C. YUM　　　　　D. SMITTY

考核知识点：主机基础

难易度：中

标准答案：C

Jb0704172064　在 Oracle 中，有一个教师表 teacher 的结构如下：
IDNUMBER（5），NAMEVARCHAR2（25），EMAILVARCHAR2（50）
下面哪个语句显示没有 Email 地址的教师姓名？（   ）（ 3 分 ）

A. select name from teacher where email = null;

B. select name from teache rwher eemail<>null;

C. select name from teacher where emailisnull;

D. select name from teacher where email is not null;

考核知识点：数据库基础

难易度：中

标准答案：C

Jb0704172065 tomcat 禁用不安全的 http 方法需要修改 web.xml 文件中（　　　）标签的内容。（3分）

A. http-options　　　　　　B. http-method　　　　　C. http-configure　　　　D. http-config

考核知识点：中间件基础

难易度：中

标准答案：B

Jb0704172066 WebLogic 在控制台修改默认路径需要修改的配置项是（　　　）。（3分）

A. ContextPath　　　　　　　　　　　　　B. ConsoleContextPath

C. ConsoleDirPath　　　　　　　　　　　 D. DirPath

考核知识点：中间件基础

难易度：中

标准答案：B

Jb0704172067 在 SAP 系统中关于 UNICODE 编码说法错误的是（　　　）。（3分）

A. UNICODE 编码可以确保 SAP 系统能够保存更多种字符集的信息

B. 只使用 UNICODE 编码不能实现显示屏幕和提示信息的中文化

C. 只使用 UNICODE 编码能实现显示屏幕和提示信息的中文化

D. 使用 UNICODE 编码的 SAP 系统比不使用 UNICODE 编码的 SAP 系统需要的硬件资源要高

考核知识点：云平台基础

难易度：中

标准答案：C

Jb0704172068 在 UNIX 系统中，root 用户执行 "ps aux |grep init" 命令，得到 init 的 PID 是（　　　）。（3分）

A. 0　　　　　　　　　　B. 1　　　　　　　　　　C. 2　　　　　　　　　　D. 3

考核知识点：主机基础

难易度：中

标准答案：B

Jb0704172069 下面命令：set PS1 = "[\u\w\t]\\$"；exportPS1 的作用是（　　　）。（3分）

A. 改变错误信息提示　　　　　　　　　　B. 改变命令提示符

C. 改变一些终端参数　　　　　　　　　　D. 改变辅助命令提示符

考核知识点：主机基础

难易度：中

标准答案：B

Jb0704172070 在 UNIX 系统中 chown 命令用于（　　　）。（3分）

A. 改变用户 id

B. 使您成为您目录中所有文件的所有者

C. 改变文件或目录的时间标签

D. 改变文件或目录的所有者

考核知识点：主机基础

难易度：中

标准答案：D

Jb0704172071 一个硬件服务器上运行 WebLogic，如果观察到系统性能下降，收集垃圾回收日志，发现 GC 非常频繁，请问以下手段最恰当的是（   ）。（3分）

A. 增加 Back log
B. 增加 JVM size
C. 增加 SWAP 区
D. 配置集群

考核知识点：中间件基础

难易度：中

标准答案：B

Jb0704172072 以下（   ）情况应尽量创建索引。（3分）

A. 在 Where 子句中出现频率较高的列
B. 具有很多 NULL 值的列
C. 记录较少的基本表
D. 需要更新频繁的基本表

考核知识点：数据库基础

难易度：中

标准答案：A

Jb0704172073 在 WebLogic 集群中被管理服务器的作用是（   ）。（3分）

A. 提供应用运行支撑环境
B. 系统管理
C. JDBC 连接
D. JMS 管理

考核知识点：中间件基础

难易度：中

标准答案：A

Jb0704172074 在 WebLogic 集群中被管理服务器可以采用（   ）方式启动。（3分）

A. 命令
B. 管理控制台
C. 脚本启动
D. 以上全部

考核知识点：中间件基础

难易度：中

标准答案：D

Jb0704172075 在 Windows Server 2003 支持的文件系统格式中，能够支持文件权限的设置、文件压缩、文件加密和磁盘配额等功能的文件系统为（   ）。（3分）

A. FATl6
B. NTFS
C. FAT32
D. HPFS

考核知识点：主机基础

难易度：中

标准答案：B

Jb0704172076 在 Windows 的命令行下，nbtstat -c 命令描述正确的是（   ）。（3分）

A. 列出 Windows 网络名称解析的名称解析统计
B. 列出本地 NetBIOS 名称

C. 使用远程计算机的名称列出其名称表

D. 给定每个名称的 IP 地址并列出 NetBIOS 名称缓存的内容

考核知识点：主机基础

难易度：中

标准答案：C

Jb0704172077　在 Windows 的回收站中，可以恢复（　　　）。（3分）

A. 从硬盘中删除的文件或文件夹　　　　　　B. 从软盘中删除的文件或文件夹

C. 剪切掉的文档　　　　　　　　　　　　　D. 从光盘中删除的文件或文件夹

考核知识点：主机基础

难易度：中

标准答案：A

Jb0704172078　在 UNIX 系统中修改用户密码的正确命令是（　　　）。（3分）

A. password　　　　　B. passwd　　　　　C. pass　　　　　D. pw

考核知识点：主机基础

难易度：中

标准答案：B

Jb0704173079　在目前技术水平下，（　　　）存储接口技术的单一物理链路的带宽最高。（3分）

A. FC　　　　　　　　B. iSCSI　　　　　　C. SCSI　　　　　D. SAS

考核知识点：主机基础

难易度：难

标准答案：D

Jb0704173080　dump 显示备份过程中更多的输出信息的参数是（　　　）。（3分）

A. -j　　　　　　　　B. -u　　　　　　　　C. -v　　　　　　D. -w

考核知识点：数据库基础

难易度：难

标准答案：C

Jb0704173081　以下哪种程序单元必须返回数据？（　　　）（3分）

A. 触发器　　　　　　B. 函数　　　　　　　C. 过程　　　　　D. 包

考核知识点：数据库基础

难易度：难

标准答案：B

Jb0704173082　IP、Telnet 分别是 OSI 参考模型的（　　　）层协议。（3分）

A. 1、2　　　　　　　B. 3、4　　　　　　　C. 4、5　　　　　D. 3、7

考核知识点：网络基础

难易度：难

标准答案：D

Jb0704173083 在什么情况下 UNDO_RETENTION 参数即使设置了也不起作用？（　　　）（3分）

A. 当 undo 表空间的数据文件是自动扩展的时候

B. 当数据库有不止一个 undo 表空间可用的时候

C. 当 undo 表空间是固定尺寸且 retention guarantee 没有启用的时候

D. 当 undo 表空间是自动扩展且 retention guarantee 没有启用的时候

考核知识点： 数据库基础

难易度： 难

标准答案： C

Jb0704173084 Oracle 数据库发现某个表对应的数据文件（file10）存在单块坏块（block120），使用 RMAN 中的（　　　）命令进行坏块恢复。（3分）

A. backup validate datafile 10　　　　B. corruption list

C. block recover corruption list　　　　D. backup validate

考核知识点： 数据库基础

难易度： 难

标准答案： C

Jb0704173085 Oracle 数据库命令 startup force 是（　　　）两个命令的组合。（3分）

A. startup mount＋alter database open　　　B. startup no mount＋alter database open

C. shutdown abort＋startup　　　　D. sh

考核知识点： 数据库基础

难易度： 难

标准答案： C

Jb0704173086 在网络中广播风暴是如何产生的？（　　　）（3分）

A. 大量 ARP 报文产生

B. 存在环路的情况下，如果端口收到一个广播报文，那么广播报文会被复制从而产生广播风暴

C. 站点太多，产生的广播报文太多

D. 交换机坏了，将所有的报文都广播

考核知识点： 网络基础

难易度： 难

标准答案： B

Jb0704173087 SQL 语句"truncate table user;"在 MySQL 5.1 中表示（　　　）。（3分）

A. 查询 user 表中的所有数据

B. 删除 user 表的数据

C. 删除 user 表，并再次创建 user 表

D. 删除 user 表

考核知识点： 数据库基础

难易度： 难

标准答案： C

Jb0704173088　在文件系统中，用户以（　　　　）方式直接使用外存。（3分）

A. 逻辑地址　　　　　　　B. 物理地址　　　　　C. 名字空间　　　　　D. 虚拟地址

考核知识点：主机基础

难易度：难

标准答案：C

Jb0704173089　Word 2003 中对文档分栏后，若要使栏尾平衡，可在最后一栏的栏尾插入（　　　）。（3分）

A. 换行符　　　　　　　B. 分栏符　　　　　C. 连续分节符　　　　D. 分页符

考核知识点：主机基础

难易度：难

标准答案：C

Jb0704173090　在一台 Windows Server 2003 系统的 DHCP 客户机上，运行（　　　　）命令可以更新其 IP 地址租约。（3分）

A. ipconfig/all　　　　　　　　　　　B. ipconfig/renew

C. ipconfig/release　　　　　　　　　D. dhcp/renew

考核知识点：主机基础

难易度：难

标准答案：B

Jb0704173091　在执行一条多记录更新语句时会违反某个约束，那么接下来会出现怎样的情况？（　　　）。（3分）

A. 违反约束的更新会被回滚，这条语句的剩余部分则保持不变

B. 整条语句都会被回滚

C. 整个事务都会被回滚

D. 取决于是否执行了 alter session enable resumable 命令

考核知识点：数据库基础

难易度：难

标准答案：B

Jb0704173092　在 MSR 路由器上，如果要彻底删除回收站中的某个废弃文件，可以执行（　　　）命令。（3分）

A. clear trash　　　　　　B. reset recycle-bin　　　C. clear all　　　　D. reset trash-bin

考核知识点：网络基础

难易度：难

标准答案：B

Jb0704173093　在华为 Quidway 中低端交换机上，要开启所有端口的 STP 功能，所用的命令是（　　　）。（3分）

A. [Quidway]stp enable　　　　　　　　B. [Quidway]stp enableall

C. [Quidway-Ethernet0/1]stp enable　　　D. [Quidway-Ethernet0/1]stp

考核知识点：网络基础

难易度：难

标准答案：A

Jb0704173094 以下哪种方式不能获得 ls 命令的帮助？（　　　）（3分）

A. help ls B. ls --help C. man ls D. pinfo ls

考核知识点：主机基础

难易度：难

标准答案：A

Jb0704173095 在周五上午 11:30，你决定执行一个闪回数据库操作，因为在上午 8:30 发送了一个用户错误。以下哪个选项可以用来检查闪回操作，将数据库恢复到的指定时间？（　　　）（3分）

A. 检查 V$FLASHBACK_DATABASE_LOG 视图

B. 检查 V$RECOVERY_FILE_DEST_SIZE 视图

C. 检查 V$FLASHBACK_DATABASE_STAT 视图

D. 检查 UNDO_RETENTION 分配的值

考核知识点：数据库基础

难易度：难

标准答案：A

Jb0704173096 在关系型数据库中，有一个关系：学生（学号，姓名，系别），规定学号的值域是 8 个数字组成的字符串，这一规则属于（　　　）。（3分）

A. 实体完整性约束 B. 参照完整性约束

C. 用户自定义完整性约束 D. 关键字完整性约束

考核知识点：数据库基础

难易度：难

标准答案：C

多 选 题

Jb0704181097 以下 Linux 操作系统巡检内容正确的有（　　　）。（5分）

A. 使用 free 命令检查 CPU 利用情况

B. 使用 TOP 命令检查内存利用情况

C. 使用 df-hl 命令检查磁盘空间、存储占用情况

D. 使用 netstat-s 命令检查网络使用情况

考核知识点：主机基础

难易度：易

标准答案：CD

Jb0704181098 下列选项中说法正确的是（　　　）。（5分）

A. "empnoNUMBER（6）"表示 empno 列中的数据为整数，最大位数为 6 位

B. "balanceNUMBER（10，1）"表示 balance 列中的数据，整数最大位数为 10 位，小数为 1 位

C. "bakCHAR（10）"表示 bak 列中最多可存储 10 个字节的字符串，并且占用的空间是固定的 10

个字节

D. "contentVARCHAR2（300）"表示content列中最多可存储长度为300个字节的字符串根据其中保存的数据长度，占用的空间是变化的，最大占用空间为300个字节

考核知识点： 数据库基础

难易度： 易

标准答案： ACD

Jb0704181099　虚拟机所具有的优势包括（　　　）。（5分）

A. 封装性　　　　　　B. 隔离性　　　　　　C. 兼容性　　　　　　D. 独立于硬件

考核知识点： 云平台基础

难易度： 易

标准答案： ABC

Jb0704181100　华为HCS8.0私有云平台日常运维常用后台系统有（　　　）。（5分）

A. OC　　　　　　　B. ipmi　　　　　　　C. OM　　　　　　　D. CPS

考核知识点： 云平台基础

难易度： 易

标准答案： AC

Jb0704181101　以下能够用作显示输出接口的有（　　　）。（5分）

A. VGA　　　　　　B. HDMI　　　　　　C. DVI　　　　　　　D. S-VIDEO

考核知识点： 主机基础

难易度： 易

标准答案： ABCD

Jb0704181102　Docker使用的核心技术是（　　　）。（5分）

A. LXC　　　　　　B. AUFS　　　　　　C. cgroups　　　　　　D. XEN

考核知识点： 云平台基础

难易度： 易

标准答案： ABC

Jb0704181103　以下属于tomcat安全防护措施的是（　　　）。（5分）

A. 更改服务默认端口

B. 配置账户登录超时自动退出功能

C. 禁止tomcat列表显示文件

D. 设置登录密码

考核知识点： 中间件基础

难易度： 易

标准答案： ABCD

Jb0704181104　下面说法正确的是（　　　）。（5分）

A. vpc没有办法互通

B. 云服务通过反向访问 vpc 里的资源

C. ECS 出公网可以通过 EIP 或者 NAT 网关

D. 经典网络物理机、云产品、VPCECS 可以通过 anytunnel 的方式供所有 vpc 访问

考核知识点： 云平台基础

难易度： 易

标准答案： BCD

Jb0704182105 在同一区域内（区域 A），下列说法正确的是（　　　）。（5 分）

A. 每台路由器生成的 LSA 都是相同的

B. 每台路由器的区域 A 的 LSDB 都是相同的

C. 每台路由器根据该 LSDB 计算出的最短路径树都是相同的

D. 每台路由器根据该最短路径树计算出的路由都是相同的

考核知识点： 网络基础

难易度： 中

标准答案： BD

Jb0704182106 应用运维管理是云上应用的一站式立体化运维管理平台，实时监控用户的应用及相关云资源，采集并关联资源的各项指标、日志及事件等数据共同分析应用健康状态，提供灵活的告警及丰富的数据可视化功能，帮助用户及时发现故障，并全面掌握应用、资源及业务的实时运行状况。其中监控主要包含（　　　）方面的监控。（5 分）

A. 应用监控　　　　　B. 组件监控　　　　　C. 主机监控　　　　　D. 容器监控

考核知识点： 云平台基础

难易度： 中

标准答案： ABCD

Jb0704182107 某餐饮 O2O 公司，立足于分析签约餐厅的用户用餐数据，提供用户菜品推荐，以下说法正确的有（　　　）。（5 分）

A. 可以利用 Maxcompute 的海量数据处理能力，对签约餐厅的用户用餐数据进行离线分析

B. 可以使用 ADS 的多值列，可以在一条用餐记录中包含多个菜品，减少 join 的次数，提供处理效率

C. 可以使用 ADS 的实时插入特性的表，可以支持一些 OLTP 类的场景

D. 可以利用 OTS 的高并发低延时的特性，支持一些在线分析，即将产生的业务数据存入 OTS 中，进行一些简单的 join 和计算

考核知识点： 云平台基础

难易度： 中

标准答案： AB

Jb0704182108 云服务器 ECS 只有在（　　　）状态下才能创建快照。（5 分）

A. Running　　　　　B. StopPing　　　　　C. 任何状态　　　　　D. Stopped

考核知识点： 云平台基础

难易度： 中

标准答案： AD

Jb0704183109 桌面系统补丁自动分发策略中，自动检测客户端补丁信息的方式有（　　　　）。（5分）

A. 系统启动时检测　　　　　　　　　　B. 间隔检测

C. 定时检测　　　　　　　　　　　　　D. 不定时检测

考核知识点：主机基础

难易度：难

标准答案：ABC

Jb0704183110 云终端系统服务器底层采用的是服务器虚拟化技术，不是（　　）。（5分）

A. XenSever　　　　　B. VMWARE　　　　C. gentoo　　　　　D. rysnc

考核知识点：云平台基础

难易度：难

标准答案：BCD

Jb0704183111 cron 的守护程序 crond 启动时将会扫描（　　　），查找由 root 或其他系统用户输入的定期调度的作业。（5分）

A. /etc/crontab　　　B. /var/spool/cron　　　C. /etc/cron.conf　　　D. /etc/nsswitch.conf

考核知识点：主机基础

难易度：难

标准答案：AB

Jb0704183112 下列有关进程的说法中错误的是（　　　）。（5分）

A. 进程是静态的　　　　　　　　　　　B. 进程是动态的

C. 进程和程序是一一对应的　　　　　　D. 进程和作业是一一对应的

考核知识点：主机基础

难易度：难

标准答案：ACD

判 断 题

Jb0704191113 Citrix 可以在 XENCenter 控制台中进行备份。（3分）

A. 对　　　　　　　　　　　　　　　　B. 错

考核知识点：主机基础

难易度：易

标准答案：A

Jb0704191114 在 WebLogic 中开发消息 Bean 时，persistent 方式的 MDB 可以保证消息传递的可靠性，也就是如果 EJB 容器出现问题，JMS 服务器依然会将消息在此 MDB 可用的时候发送过来，但 non-persistent 方式的消息将被丢弃。（3分）

A. 对　　　　　　　　　　　　　　　　B. 错

考核知识点：中间件基础

难易度：易

标准答案：A

Jb0704191115　在常见的虚拟化平台上，虚拟机一次只能拍摄一张快照。（3分）

A. 对　　　　　　　　　　　　　　　　B. 错

考核知识点：云平台基础

难易度：易

标准答案：B

Jb0704191116　终端注册桌面系统客户端程序时显示 IP 段没有分配、找不到所属区域，原因是没有将该客户端所在的 IP 范围添加到允许注册的 IP 范围内。（3分）

A. 对　　　　　　　　　　　　　　　　B. 错

考核知识点：主机基础

难易度：易

标准答案：A

Jb0704191117　GHOST 可以备份 Linux 系统分区。（3分）

A. 对　　　　　　　　　　　　　　　　B. 错

考核知识点：主机基础

难易度：易

标准答案：A

Jb0704191118　在 Server 因为 config.xml 被破坏启动失败的时候，可以用 config.xml.booted 启动。（3分）

A. 对　　　　　　　　　　　　　　　　B. 错

考核知识点：中间件基础

难易度：易

标准答案：A

Jb0704191119　ICMP 是一种用于传输错误报告控制信息的协议。（3分）

A. 对　　　　　　　　　　　　　　　　B. 错

考核知识点：网络基础

难易度：易

标准答案：A

Jb0704191120　JDBC 是 Java 访问数据库的应用程序接口，是数据访问中间件（UDA），该接口基于 SQL 语言，采用同步通信。（3分）

A. 对　　　　　　　　　　　　　　　　B. 错

考核知识点：中间件基础

难易度：易

标准答案：A

Jb0704191121　在 Oracle 中，system/sysaux/temp/undo 四个表空间都是数据库必须的。（3分）

A. 对　　　　　　　　　　　　　　　　B. 错

考核知识点：数据库基础

难易度：易

标准答案：A

Jb0704191122 BIOS 报警信息比较常见，其中 Memory test fail 这一信息意思是供电不足。（3分）

A. 对 B. 错

考核知识点：主机基础

难易度：易

标准答案：B

Jb0704191123 Linux 系统所用时间与 Windows 所用时间不同。（3分）

A. 对 B. 错

考核知识点：主机基础

难易度：易

标准答案：B

Jb0704191124 Linux 系统中，日志级别为 0，级别最高。（3分）

A. 对 B. 错

考核知识点：主机基础

难易度：易

标准答案：A

Jb0704191125 在内网电脑上，安装多个杀毒软件会导致系统更加安全。（3分）

A. 对 B. 错

考核知识点：主机基础

难易度：易

标准答案：B

Jb0704191126 SQL Server 恢复模型类型可以任意修改。（3分）

A. 对 B. 错

考核知识点：数据库基础

难易度：易

标准答案：A

Jb0704191127 MySQL 数据库可以只通过增量备份还原数据库。（3分）

A. 对 B. 错

考核知识点：数据库基础

难易度：易

标准答案：B

Jb0704191128 华为 HCS8.0 私有云平台只有计算节点的业务平面网络接入需要使用 intel82599 芯片组的网卡。（3分）

A. 对 B. 错

考核知识点：云平台基础

难易度：易

标准答案：A

Jb0704191129 Docker 是一个开源的引擎，可以轻松地为任何应用创建一个轻量级的、可移植的、自给自足的容器。（3分）

A. 对   B. 错

考核知识点：云平台基础

难易度：易

标准答案：A

Jb0704191130 Oracle 数据库的一个表空间只能包含一个数据文件。（3分）

A. 对   B. 错

考核知识点：数据库基础

难易度：易

标准答案：B

Jb0704191131 Ubuntu 是一个以桌面应用为主的 Linux 操作系统。（3分）

A. 对   B. 错

考核知识点：主机基础

难易度：易

标准答案：A

Jb0704191132 Linux 的备份方法和 Windows 的备份方法一样。（3分）

A. 对   B. 错

考核知识点：主机基础

难易度：易

标准答案：B

Jb0704192133 #tar -t fall.tar 这条命令是列出 all.tar 包中所有文件，-t 是列出文件的意思。（3分）

A. 对   B. 错

考核知识点：主机基础

难易度：中

标准答案：A

Jb0704192134 信息系统应急故障处理的转变要求是从"抢修—恢复"到"隔离—保障"。（3分）

A. 对   B. 错

考核知识点：主机基础

难易度：中

标准答案：A

Jb0704192135 Linux 系统下，在 vi 编辑器里，命令：200 能将光标移到第 200 行。(3 分)

A. 对   B. 错

考核知识点：主机基础

难易度：中

标准答案：A

Jb0704192136 ErrorStack 是 Oracle 提供的一种对于 SQL 跟踪的方法。(3 分)

A. 对   B. 错

考核知识点：数据库基础

难易度：中

标准答案：B

Jb0704192137 GRE VPN 是一种安全隧道方式的 VPN。(3 分)

A. 对   B. 错

考核知识点：网络基础

难易度：中

标准答案：B

Jb0704192138 H3C 交换机配置用户登录超时时间为 300,可用命令 Password-control timeout 300 来配置。(3 分)

A.对   B. 错

考核知识点：网络基础

难易度：中

标准答案：B

Jb0704192139 在使用无分类域间路由选择（CIDR）时，路由表由"网络前缀"和"下一跳地址"组成，查找路由表时可能会得到不止一个匹配结果，这时应选择具有最长网络前缀的路由。(3 分)

A. 对   B. 错

考核知识点：网络基础

难易度：中

标准答案：A

Jb0704192140 一个表空间可以含有多个数据文件，一个数据文件也可以跨多个表空间，一个表不可以跨表空间。(3 分)

A. 对   B. 错

考核知识点：数据库基础

难易度：中

标准答案：B

Jb0704192141 Oracle 中使用 EXPDP 命令可以按条件导出指定表指定数据。(3 分)

A. 对   B. 错

考核知识点：数据库基础

难易度：中

标准答案：A

Jb0704192142 IPSec 在隧道模式下把数据封装在一个 IP 包传输以隐藏路由信息。（3 分）

A．对 　　　　　　　　　　　　　　　B．错

考核知识点：网络基础

难易度：中

标准答案：A

Jb0704192143 在一个 IP 网络中负责主机 IP 地址与主机名称之间的转换协议称为地址解析协议。（3 分）

A．对 　　　　　　　　　　　　　　　B．错

考核知识点：网络基础

难易度：中

标准答案：B

Jb0704192144 在字符界面环境下注销 Linux，可用 exit 或 ctrl＋D。（3 分）

A．对 　　　　　　　　　　　　　　　B．错

考核知识点：主机基础

难易度：中

标准答案：A

Jb0704192145 mksysb 不但可以备份 rootvg，也可以备份其他 vg 内的数据。（3 分）

A．对 　　　　　　　　　　　　　　　B．错

考核知识点：主机基础

难易度：中

标准答案：B

Jb0704192146 tar -cf all.tar *.jpg 这条命令是更新原来 tar 包 all.tar 中 logo.gif 文件，-u 是表示更新文件的意思。（3 分）

A．对 　　　　　　　　　　　　　　　B．错

考核知识点：主机基础

难易度：中

标准答案：B

Jb0704192147 #tar -cz fall.tar.gz *.jpg 这条命令是将所有.jpg 的文件打成一个 tar 包，并且将其用 bzip2 压缩，生成一个 bzip2 压缩过的包，包名为 all.tar.bz2。（3 分）

A．对 　　　　　　　　　　　　　　　B．错

考核知识点：主机基础

难易度：中

标准答案：B

Jb0704193148　分布式数据库中间件专注于解决数据库分布式扩展问题，突破了传统数据库的容量和性能瓶颈，实现海量数据高并发访问。（3分）

A. 对　　　　　　　　　　　　　　　　B. 错

考核知识点：数据库基础

难易度：难

标准答案：A

Jb0704193149　Nginx 服务器上的 Master 进程的作用是处理请求，Worker 进程的作用是读取及评估配置和维持。（3分）

A. 对　　　　　　　　　　　　　　　　B. 错

考核知识点：中间件基础

难易度：难

标准答案：B

Jb0704193150　Oracle 处于归档模式时，可以使用联机备份。（3分）

A. 对　　　　　　　　　　　　　　　　B. 错

考核知识点：数据库基础

难易度：难

标准答案：A

Jb0704193151　CDP 运行在网络层，允许两个系统彼此获知对方。（3分）

A. 对　　　　　　　　　　　　　　　　B. 错

考核知识点：网络基础

难易度：难

标准答案：B

Jb0704193152　在 Oracle 12 C 容器数据库中，创建公共用户，必须使用 C##或者 c##作为该用户名的开头。（3分）

A. 对　　　　　　　　　　　　　　　　B. 错

考核知识点：数据库基础

难易度：难

标准答案：A

简　答　题

Jb0704131153　请简述服务器虚拟化的定义。（10分）

考核知识点：云平台基础

难易度：易

标准答案：

虚拟化是指通过虚拟化技术将一台计算机虚拟为多台逻辑计算机。在一台计算机上同时运行多个逻辑计算机，每个逻辑计算机可运行不同的操作系统，并且应用程序都可以在相互独立的空间内运行而互不影响，从而显著提高计算机的工作效率。

Jb0704131154　使用 Windows Server Backup 可以备份的项目有哪些？（10 分）

考核知识点： 主机基础

难易度： 易

标准答案：

整个服务器（所有卷）；选定卷；系统状态；特定的文件或文件夹。

Jb0704131155　简述生产现场作业中"十不干"的具体内容。（10 分）

考核知识点： 规章制度

难易度： 易

标准答案：

① 无票的不干；② 工作任务、危险点不清楚的不干；③ 危险点控制措施未落实的不干；④ 超出作业范围未经审批的不干；⑤ 未在接地保护范围内的不干；⑥ 现场安全措施布置不到位、安全工器具不合格的不干；⑦ 杆塔根部、基础和拉线不牢固的不干；⑧ 高处作业防坠落措施不完善的不干；⑨ 有限空间内气体含量未经检测或检测不合格的不干；⑩ 工作负责人（专责监护人）不在现场的不干。

Jb0704131156　请用十进制计数法写出 24 位、15 位、17 位子网掩码。（10 分）

考核知识点： 网络基础

难易度： 易

标准答案：

24 位：255.255.255.0；15 位：255.254.0.0；17 位：255.255.128.0。

Jb0704131157　请简述 Linux 系统服务器的 CPU 利用率、内存利用率和硬盘空间检查方法。（10 分）

考核知识点： 主机基础

难易度： 易

标准答案：

① CPU 信息 vm stat 或 top，可以查看 CPU 及内存的使用率等。② 内存信息 cat/proc/memory 或者 free 查看总内存大小、已使用内存、可用内存、共享内存、磁盘缓存等信息。③ 盘信息 fdisk－1 或者 df－1 查看服务器所挂载的硬盘及分区情况，可以查看逻辑分区、硬盘大小、磁面、扇区、磁柱容量、使用情况等。

Jb0704131158　用户平时需要关注 RDS 实例的监控指标有哪些？（10 分）

考核知识点： 主机基础

难易度： 易

标准答案：

CPU 利用率、内存利用率、磁盘空间利用率等。

Jb0704131159　子网被相关资源占用时，会导致无法删除子网，如何排查相关资源？（10 分）

考核知识点： 云平台基础

难易度： 易

标准答案：

虚拟私有云的子网被以下资源使用时，子网无法删除：实例、私有 IP 地址。根据子网信息排查子网中是否含有以上资源，先删除子网中的全部资源，再删除子网。

Jb0704131160　移动智能终端的特点有哪些？（10分）

考核知识点：主机基础

难易度：易

标准答案：

开放性的OS平台；具备PDA的功能；扩展性强，功能强大；随时随地接入互联网。

Jb0704131161　通过配置生命周期规则可以实现哪些功能？（10分）

考核知识点：云平台基础

难易度：易

标准答案：

① 定时转换对象的存储类别；② 定时删除桶中指定的对象。

Jb0704131162　请简述网络安全基础等级保护测评的工作原则。（10分）

考核知识点：规章制度

难易度：易

标准答案：

规范性原则；整体性原则；最小影响原则；保密性原则。

Jb0704131163　衡量存储系统性能的主要指标有哪些？（10分）

考核知识点：存储

难易度：易

标准答案：

IOPS；响应时间；带宽。

Jb0704131164　DWS支持的隔离级别有哪些？（10分）

考核知识点：数据库基础

难易度：易

标准答案：

读已提交；读未提交。

Jb0704131165　请简述rowid和rownum的区别。（10分）

考核知识点：数据库基础

难易度：易

标准答案：

RowId表示表的一行，用来快速地访问某行数据Rownum是结果集的一个功能。

Jb0704131166　什么是数据加密服务？（10分）

考核知识点：网络安全基础

难易度：易

标准答案：

DEW 即数据加密服务，基于国家密码局认证的云服务器密码机构建密码服务资源池，实现云上密码资源的统一管控调度，为用户按需提供虚拟密码机（VSM），对接业务应用实现数据加解密、签名验签、密钥创建、密钥安全存储等安全功能。

Jb0704131167　Oracle 中都有哪些类型的锁？（10 分）

考核知识点：数据库基础

难易度：易

标准答案：

锁的种类：共享锁，这种锁是数据在被 viewed 的时候放置的。排他锁，这种锁是在 Insert，Update，Delete 命令执行的时候放置的，每一条记录同一时间只能有一个排他锁。

Jb0704131168　当配置端口安全时，应当注意哪些问题？（10 分）

考核知识点：网络基础

难易度：易

标准答案：

安全端口不能是 Trunk 端口；安全端口不能是 Switch Port Analyzer（SPAN）的目的端口；安全端口不能是属于 Ether Channel 的端口；安全端口不能是 private-VLAN 端口。

Jb0704131169　请简述 Weblogic 中生产模式和开发模式的区别。（10 分）

考核知识点：中间件基础

难易度：易

标准答案：

① 开发模式是比较自由的，它保证了开发灵活性；② 开发模式下随便把它扔哪里都会自动更新，保证了开发人员能够快速部署发布；③ 一般开发好的产品，都给客户用生产模式部署。

Jb0704131170　管理员在网络中部署了一台 DHCP 服务器之后，发现部分主机获取到非该 DHCP 服务器所指定的地址，则可能的原因有哪些？（10 分）

考核知识点：网络基础

难易度：易

标准答案：

网络中存在另外一台工作效率更高的 DHCP 服务器。部分主机无法与该 DHCP 服务器正常通信，这些主机客户端系统自动生成了 169.254.0.0 范围内的地址；DHCP 服务器的地址池已经全部分配完毕。

Jb0704131171　若在消息处理过程中允许部分数据丢失，关闭消息可靠性处理机制的方式有哪些？（10 分）

考核知识点：网络基础

难易度：易

标准答案：

将参数 ConfiG.Topology_ACKKRS 设置为 0；Spout 发送消息时，使用不指定消息 message ID 的接口进行发送；Blot 发送消息时使用 Unanchor 方式进行发送。

Jb0704131172　使用链路状态算法的路由协议有哪些？请至少写出两个。（10分）

考核知识点：网络基础

难易度：易

标准答案：

IS-IS、OSPF。

Jb0704131173　华为 CCE 为有状态容器提供的服务优势是什么？（10分）

考核知识点：云平台基础

难易度：易

标准答案：

① 数据持久化存储；② 多实例数据共享；③ 容器实例故障或迁移时，数据不丢失。

Jb0704131174　RAID 技术中采用奇偶校验方式来提供数据保护的是什么？（10分）

考核知识点：存储

难易度：易

标准答案：

RAID3；RAID5。

Jb0704131175　传统磁带备份存在哪些问题？（10分）

考核知识点：存储

难易度：易

标准答案：

机械设备的故障率高；备份/恢复速度慢；磁带的保存和清洗难。

Jb0704131176　请简述 iSCSI HBA 卡和 TOE 卡的主要区别。（10分）

考核知识点：存储

难易度：易

标准答案：

① 在处理 iSCSI 协议报文时候，一个不占用主机 CPU 资源，另一个需要占用 CPU 资源；② 一个能卸载 TCP 协议和 iSCSI 协议报文，另一个只能卸载 TCP 协议报文。

Jb0704131177　TCP/IP 协议的应用层对应于 OSI 模型的哪几层？（10分）

考核知识点：网络基础

难易度：易

标准答案：

① 应用层；② 表示层；③ 会话层。

Jb0704131178　IEEE802 为局域网规定的标准只对应于 OSI 参考模型中的哪几层？（10分）

考核知识点：网络基础

难易度：易

标准答案：

① 物理层；② 数据链路层。

Jb0704131179　请写出 Linux 系统中查询操作日志的命令。（10 分）

考核知识点： 主机基础

难易度： 易

标准答案：

History。

Jb0704131180　请写出 Linux 系统中查询登录日志的命令。（10 分）

考核知识点： 主机基础

难易度： 易

标准答案：

Last。

Jb0704131181　什么是 WebShell?（10 分）

考核知识点： 网络安全基础

难易度： 易

标准答案：

WebShell 就是以 asp、php、jsp 或者 cgi 等网页文件形式存在的一种命令执行环境，也可以将其称为一种网页后门。

Jb0704131182　在 UNIX 中的 NIS 存在哪些安全问题？（10 分）

考核知识点： 操作系统

难易度： 易

标准答案：

① 不要求身份认证；② 客户机依靠广播来联系服务器；③ 采用明文分发文件。

Jb0704131183　触发器的作用有哪些？（10 分）

考核知识点： 数据库基础

难易度： 易

标准答案：

触发器是一种特殊的存储过程，主要是通过事件来触发而被执行的。它可以强化约束，维护数据的完整性和一致性，可以跟踪数据库内的操作从而不允许未经许可的更新和变化，可以联级运算。如，某表上的触发器上包含对另一个表的数据操作，而该操作又会导致该表触发器被触发。

Jb0704131184　SPAN 数据流主要分为哪三类？（10 分）

考核知识点： 主机基础

难易度： 易

标准答案：

① 输入数据流；② 双向数据流；③ 输出数据流。

Jb0704131185　列举出信息系统中断达到七级事件的情况。（10 分）

考核知识点： 规章制度

难易度： 易

标准答案：

① 一类信息系统业务中断，且持续时间在 2h 以上；② 二类信息系统业务中断，且持续时间在 4h 以上；③ 三类信息系统业务中断，且持续时间在 8h 以上。

Jb0704131186 请简述服务器的主要部件。(10 分)

考核知识点： 主机基础

难易度： 易

标准答案：

处理器、内存、芯片组、RAID 卡、网卡、HBA 卡、硬盘、电源、风扇。

Jb0704131187 检定装置所处的环境条件必须达到相关检定规程的要求。这里的环境条件一般是指哪几种情况？ (10 分)

考核知识点： 规章制度

难易度： 易

标准答案：

温度、湿度、外磁场影响、防振动、防尘。

Jb0704131188 请简述引擎设备存在的接口。(10 分)

考核知识点： 主机基础

难易度： 易

标准答案：

① 超级终端的连接端口；② 引擎管理口；③ 引擎监听口；④ USB 口。

Jb0704131189 按照备份数据库的大小区分，数据库的备份方式有哪些？ (10 分)

考核知识点： 网络安全基础

难易度： 易

标准答案：

完全备份；事务日志备份；差异备份；文件备份。

Jb0704131190 请简述计算机病毒的分类。(10 分)

考核知识点： 网络安全基础

难易度： 易

标准答案：

文件型病毒；引导区型病毒；宏病毒。

Jb0704131191 信息系统建设阶段，开发人员不得泄露的内容有哪些？ (10 分)

考核知识点： 规章制度

难易度： 易

标准答案：

开发内容；程序；数据结构。

Jb0704132192　网络中出现故障后，管理员通过排查发现某台路由器的配置被修改了，那么管理员该采取哪些措施来避免这种状况的再次发生？（10分）

考核知识点：网络基础

难易度：中

标准答案：

管理员应该配置除管理员之外的所有账户登录设备的权限级别为 0；管理员应该配置 AAA 来对登录设备的用户进行认证和授权；管理员应该通过配置 ACL 来控制只有管理员能够登录设备。

Jb0704132193　使用 D-V 算法的路由协议有哪些？请至少写出两个。（10分）

考核知识点：网络基础

难易度：中

标准答案：

RIP、BGP。

Jb0704132194　OSPF 协议是基于什么算法的路由协议？（10分）

考核知识点：网络基础

难易度：中

标准答案：

SPF。

Jb0704132195　哪些机制是 OSPF 无自环的原因？请至少写出两点。（10分）

考核知识点：网络基础

难易度：中

标准答案：

采用 spf 算法；要求非骨干区域与骨干区域必须直接相连。

Jb0704132196　Oracle 数据库中包含以下哪几种表连接的方式？（10分）

考核知识点：数据库基础

难易度：中

标准答案：

① NESTLOOP JOIN；② HASH JOIN；③ MERGE JOIN。

Jb0704132197　华为防火墙默认提供的安全区域有哪些？（10分）

考核知识点：网络基础

难易度：中

标准答案：

Local 区域、Trust 区域、Untrust 区域。

Jb0704132198　简述网络协议的三要素。（10分）

考核知识点：网络基础

难易度：中

标准答案：

语法：数据与控制信息的结构或格式；语义：需要发出何种控制信息，完成何种动作，做出何种响应；同步：事件实现顺序的说明。

Jb0704132199　请写出开启 MySQL 服务的命令。（10 分）

考核知识点：数据库基础

难易度：中

标准答案：

① service mysqld start；② /init.d/mysqld start。

Jb0704132200　请写出关闭 MySQL 服务的命令。（10 分）

考核知识点：数据库基础

难易度：中

标准答案：

① service mysqld stop；② /etc/init.d/mysqld stop；③ mysqladmin -u -p shutdown。

Jb0704132201　OSI 模型有哪几层？（10 分）

考核知识点：网络基础

难易度：中

标准答案：

物理层、数据链路层、网络层、传输层、会话层、表示层、应用层。

Jb0704132202　请简述"协议是水平的、服务是垂直的"含义。（10 分）

考核知识点：网络基础

难易度：中

标准答案：

协议是"水平"的，即协议是控制对等实体之间通信的规则；服务是"垂直"的，即服务是由下层向上层通过层间接口提供的。

Jb0704132203　请简述非持久 HTTP 连接和持久 HTTP 连接的不同。（10 分）

考核知识点：网络基础

难易度：中

标准答案：

① 非持久 HTTP 连接：每个 TCP 连接只传输一个 web 对象，只传送一个请求/响应对，HTTP1.0 使用。
② 持久 HTTP 连接：每个 TCP 连接可以传送多个 web 对象，传送多个请求/响应对，HTTP1.1 使用。

Jb0704132204　请写出 VRRP 虚拟路由器的三种状态？（10 分）

考核知识点：网络基础

难易度：中

标准答案：

① Initialize；② Master；③ Backup。

Jb0704132205　需要读写校验盘的 RAID 技术有哪些？（10 分）

考核知识点：主机基础

难易度：中

标准答案：

① RAID5；② RAID10。

Jb0704132206　操作系统的动态分区管理内存分配算法有哪些？请至少写出两种。（10 分）

考核知识点：主机基础

难易度：中

标准答案：

① 首次适应算法；② 循环首次适应算法；③ 最佳适应算法。

Jb0704132207　Web 应用防火墙如何保护 Web 服务安全稳定？（10 分）

考核知识点：网络基础

难易度：中

标准答案：

Web 应用防火墙通过对 HTTP（S）请求进行检测，识别并阻断 SQL 注入、跨站脚本攻击、网页木马上传、命令/代码注入、文件包含、敏感文件访问、第三方应用漏洞攻击、CC 攻击、恶意爬虫扫描、跨站请求伪造等攻击，保护 Web 服务安全稳定。

Jb0704132208　什么是云服务器高可用服务？（10 分）

考核知识点：云平台基础

难易度：中

标准答案：

① CSHA 即云服务器高可用服务，为弹性云服务器（ECS）提供同城数据中心间的高可用保护。② 当生产中心发生灾难时，被保护的弹性云服务器能够自动或手动切换到灾备中心。

Jb0704132209　在防火墙的"访问控制"应用中，请简述内网、外网、DMZ 三者的访问关系。（10 分）

考核知识点：网络基础

难易度：中

标准答案：

① 内网可以访问外网；② DMZ 区可以访问内网；③ 外网可以访问 DMZ 区。

Jb0704132210　防病毒软件的安装方法有哪些？（10 分）

考核知识点：主机基础

难易度：中

标准答案：

① 将安装客户端复制到电脑上安装；② 通过 Web 方式进行网络在线安装；③ 通过网络进行网络推送式安装。

Jb0704132211　计算机出现黑屏，硬盘指示灯闪烁不停，重新开机后，计算机无法启动，硬盘数据全部丢失，主板 BIOS 原内容遭到破坏，对此请提出可能的解决办法。（10 分）

考核知识点：主机基础

难易度：中
标准答案：
① 修改系统时间；② 重写 BIOS 芯片；③ 将 BIOS 读写设置为关；④ 将硬盘进行备份。

Jb0704132212　入侵行为中，基于主机的 IPS 可以阻断的有哪些？（10 分）
考核知识点：网络安全基础
难易度：中
标准答案：
缓冲区溢出；改变登录口令；改写动态链接库；试图从操作系统夺取控制权。

Jb0704132213　引入 VLAN 划分的原因是什么？（10 分）
考核知识点：网络基础
难易度：中
标准答案：
降低网络设备移动和改变的代价；增强网络安全性；限制广播包，节约宽带；实现网络的动态组织管理。

Jb0704132214　某交换机收到一个带有 VLAN 标签的数据帧，但发现在其 MAC 地址表中查询不到该数据帧的 MAC 地址，则交换机对该数据帧的处理行为错误的是。（10 分）
考核知识点：网络基础
难易度：中
标准答案：
交换机会向所有端口广播该数据帧；交换机会向属于该数据帧所在 VLAN 中的所有端口（除接收端口）广播此数据帧；交换机会丢弃此数据帧。

Jb0704133215　信息系统临时运行须遵循哪些要求？（请至少写出两点）（10 分）
考核知识点：规章制度
难易度：难
标准答案：
① 建设单位（部门）或业务主管部门提供临时运行相关内容的签报件、公司会议纪要或公司重点工作计划等，作为临时运行的审批依据；无相关审批依据，或因项目严重超期、安全整改等因素不能如期投运的，不在临时运行范围内。② 临时运行信息系统须通过安全防护方案评审、第三方测试（安全测试和渗透测试），完成 I6000 监控指标接入，作为临时运行的最低标准。③ 临时运行申请期限为两个月，确有必要延期的，待临时运行结束前，由业务主管部门确认后重新申请，原则上不超过六个月。④ 业务主管部门应在临时运行申请时确认信息系统是否转上线试运行；针对转上线试运行的信息系统，须明确具备上线试运行条件的时间，在满足红线指标后，按新建系统或大版本变更上线要求开展试运行工作；对完成特定工作任务，无需转上线试运行的，业务主管部门要确认临时运行期限，原则上不超过六个月，超出运行期限的，由运行维护单位（部门）评估后，采取下线或关停处理，释放 IT 资源；信息系统临时运行须业务主管部门至少提前一周发起申请，并由业务主管部门和建设单位（部门）共同承担信息系统临时运行期间的安全运行责任。

Jb0704133216　弹性云服务器提供的功能有哪些？（10 分）

考核知识点： 云平台基础

难易度： 难

标准答案：

① 创建 ECS 时，支持配置云服务器的规格、镜像、网络、磁盘、鉴权方式、创建数量等信息。② 支持管理弹性云服务器的生命周期，包括开机、关机、重启、删除；支持克隆云服务器，为云服务器创建整机快照，管理软件狗、HA 开关状态等；支持修改弹性云服务器的 vCPU 和内存。③ 支持对云服务器的磁盘执行扩容、绑定、解绑等操作，支持共享云硬盘。④ 支持切换、重装弹性云服务器的操作系统；支持基于已有的弹性云服务器创建私有镜像。⑤ 支持绑定、解绑弹性 IP。

Jb0704133217　配置访问控制列表必须做的配置有哪些？（10 分）

考核知识点： 网络基础

难易度： 难

标准答案：

① 启动防火墙对数据包过滤；② 定义访问控制列表；③ 在接口上应用访问控制列表。

Jb0704133218　请简述端口组的定义、类型和高级设置。（10 分）

考核知识点： 网络基础

难易度： 难

标准答案：

（1）定义：端口组是分布式交换机虚拟端口的集合，连接在同一端口组的虚拟机网卡，具有相同的网络属性（VLAN，流量整形等）。

（2）类型：分为普通和中继。普通类型的虚端口只能属于一个 VLAN，中继类型的虚端口可以允许多个 VLAN 接收和发送报文。普通虚拟机选择普通类型的端口，虚拟机的网卡启用 VLAN 设备的情况下选择中继类型的端口，否则虚拟机的网络可能不通。端口组配置为中继的方式后，可以在 Linux 虚拟机内创建多个 VLAN 设备，这些 VLAN 设备通过 1 个虚拟网卡即可以收发携带不同 VLAN 标签的网络数据包，使虚拟机不用创建多个虚拟网卡。

（3）高级设置：① DHCP 隔离。② IP 与 MAC 绑定。③ 填充 TCP 校验。④ 接收和发送流量整形（平均带宽、峰值带宽和突发大小，发送流量整形中还包括优先级）。⑤ 广播抑制带宽（防止虚拟机发送大量的广播报文）。

Jb0704133219　全国首例"僵尸网络"攻击大案告破，神秘"黑客"在唐山落网。据河北日报报道，唐山警方全面侦破了全国首例"僵尸网络"攻击大案。神秘黑客犯罪嫌疑人徐某在唐山落网。从 2004 年 10 月起，徐某利用后门程序控制互联网上超过 6 万台的电脑主机，连续同时攻击北京某音乐网站，造成该网站"门前"网名空前火爆，而门后却空无一人，导致该网站经济损失达 700 余万元。根据以上例子，请举出计算机病毒的危害。（10 分）

考核知识点： 网络安全基础

难易度： 难

标准答案：

① 破坏计算机数据；② 占用计算机空间；③ 破坏计算机硬件；④ 窃取用户隐私。

Jb0704133220 什么是储存过程？（10分）

考核知识点：数据库基础

难易度：难

标准答案：

储存过程是一个预编译的 SQL 语句，优点是允许模块化的设计，就是说只需创建一次，以后在该程序中就可以调用多次。如果某次操作需要执行多次 SQL，使用存储过程比单独 SQL 语句执行要快。

Jb0704133221 请简述上云系统分类及上云需遵循的原则。（10分）

考核知识点：云平台基础

难易度：难

标准答案：

系统分类如下：

（1）新建信息系统上云是指根据公司年度电网数字化专项建设内容，满足业务应用目标和整体架构要求的新建信息系统在云平台全新部署上线。

（2）存量信息系统改造上云是指未部署在云平台的存量信息系统通过架构改造、代码调整等，在云平台上重新部署上线。

遵循原则如下：

（1）稳定性原则。上云信息系统须支持集群、主备等高可用部署架构，应用服务无单点，强化运行状态及资源使用监控，保障上云信息系统运行稳定。

（2）安全性原则。上云信息系统须充分利用云安全组件，符合上云业务安全基线防护要求，包括应用安全、数据安全、虚拟化安全、网络安全、云组件安全等，强化上云信息系统安全防护。

（3）先进性原则。上云信息系统须使用云平台提供的组件，充分利用云平台运行高可靠和资源弹性伸缩等技术优势，提高上云信息系统运行质效。

Jb0704133222 云操作系统中业务网作用包括哪些？（10分）

考核知识点：云平台基础

难易度：难

标准答案：

① 数据中心各个业务系统之间通信的网络。② 提供 floatingip 的网络。③ 虚拟机的南北向流量网络。④ 虚拟机与数据中心业务通信的网络。

第十章　信息运维检修工高级技师技能操作

Jc0704141001　Linux 安全加固。（100 分）

考核知识点：主机基础

难易度：易

技能等级评价专业技能考核操作工作任务书

一、任务名称

Linux 安全加固。

二、适用工种

信息运维检修工高级技师。

三、具体任务

（1）创建名为 xtepc1 和 xtepc2 的用户，口令都为 5186@xtepc。

（2）让 xtepc1 可以使用 su 为 root，其他用户不可以使用 su 为 root。

（3）使用 SSH 远程登录时若口令错误次数大于三次，则断开连接，禁止 root 使用 SSH 远程登录。

（4）禁止 xtepc2 的本地登录。

（5）设置 SSH 登录 10 分钟内无操作即自动注销。

四、工作规范及要求

要求单人操作完成。

五、考核及时间要求

（1）本考核操作时间为 60 分钟，包括报告整理时间，时间到停止考核。

（2）问题查找和排除过程中，如确实不能查找出问题，可向考评员申请排除问题，该项问题项目不得分，但不影响其他项目。

技能等级评价专业技能考核操作评分标准

工种	信息运维检修工				评价等级	高级技师
项目模块	主机基础—Linux 安全加固			编号		Jc0704141001
单位			准考证号		姓名	
考试时限	60 分钟		题型	单项操作	题分	100 分
成绩		考评员		考评组长	日期	
试题正文	Linux 安全加固					
需要说明的问题和要求	独立完成 Linux 主机安全加固					

序号	项目名称	质量要求	满分	扣分标准	扣分原因	得分
1	Linux 安全加固					
1.1	创建名为 xtepc1 和 xtepc2 的用户，口令都为 5186@xtepc	正确创建用户，并设置口令	20	未正确创建名为 xtepc1 和 xtepc2 的用户，口令不为 5186@xtepc，错误一处扣 10 分，扣完为止		

序号	项目名称	质量要求	满分	扣分标准	扣分原因	得分
1.2	让 xtepc1 可以使用 su 为 root，其他用户不可以使用 su 为 root	正确配置 su root 权限	20	xtepc1 不能使用 su 为 root，其他用户可以使用 su 为 root，错误一处扣 10 分，扣完为止		
1.3	使用 SSH 远程登录时若口令错误次数大于三次，则断开连接，禁止 root 使用 SSH 远程登录	正确配置 SSH 远程登录策略	20	未设置 SSH 远程登录时若口令错误次数大于三次断开连接，扣 10 分；未禁止 root 使用 SSH 远程登录，扣 10 分；扣完为止		
1.4	禁止 xtepc2 的本地登录	正确配置本地登录限制策略	20	未禁止 xtepc2 的本地登录，错误扣 20 分		
1.5	设置 SSH 登录 10 分钟内无操作即自动注销	正确设置 SSH 超时时间	20	未设置 SSH 登录 10 分钟内无操作自动注销，扣 20 分		
	合计		100			

Jc0704141002 数据库导入导出及补丁更新。（100 分）

考核知识点： 数据库基础

难易度： 易

技能等级评价专业技能考核操作工作任务书

一、任务名称

数据库导入导出及补丁更新。

二、适用工种

信息运维检修工高级技师。

三、具体任务

（1）创建目录 dumpdir，路径为/home/oracle/dumpdir，进行相应授权。

（2）使用 usource 用户导出该用户对象，导出文件为 usource.dmp。

（3）更新 PSU。

（4）使用逻辑泵将 usource.dmp 导入 udest 用户。

（5）查看最新 PSU，确认结果。

四、工作规范及要求

要求单人操作完成。

五、考核及时间要求

（1）本考核操作时间为 60 分钟，包括报告整理时间，时间到停止考核。

（2）问题查找和排除过程中，如确实不能查找出问题，可向考评员申请排除问题，该项问题项目不得分，但不影响其他项目。

技能等级评价专业技能考核操作评分标准

工种	信息运维检修工				评价等级	高级技师	
项目模块	数据库基础—数据库导入导出及补丁更新			编号		Jc0704141002	
单位			准考证号			姓名	
考试时限	60 分钟		题型		单项操作	题分	100 分
成绩		考评员		考评组长		日期	
试题正文	数据库导入导出及补丁更新						

续表

需要说明的问题和要求	独立完成数据库导入导出及补丁更新					
序号	项目名称	质量要求	满分	扣分标准	扣分原因	得分
1	数据库导入导出及补丁更新					
1.1	创建目录 dumpdir，路径为/home/oracle/dumpdir，进行相应授权	正确对文件进行授权	30	未创建目录 dumpdir，路径不为/home/oracle/dumpdir，未进行相应授权，错误一处扣 10 分，扣完为止		
1.2	使用 usource 用户导出该用户对象，导出文件为 usource.dmp	正确使用 usource 用户导出用户对象，并命名为 uscoure.dmp	20	未使用 usource 用户导出该用户对象，导出文件不为 usource.dmp，错误一处扣 10 分，扣完为止		
1.3	更新 PSU	正确更新 PSU	20	未更新 PSU，扣 20 分		
1.4	使用逻辑泵将 usource.dmp 导入 udest 用户	正确使用逻辑泵将 usource.dmp 导入 udest 用户	20	未使用逻辑泵将 usource.dmp 导入 udest 用户，扣 20 分		
1.5	查看最新 PSU，确认结果	正确查看 PSU	10	未正确查看最新 PSU、确认结果，扣 10 分		
	合计		100			

Jc0704142003　PC 服务器故障日志收集与分析。（100 分）

考核知识点： 主机基础

难易度： 中

技能等级评价专业技能考核操作工作任务书

一、任务名称

PC 服务器故障日志收集与分析。

二、适用工种

信息运维检修工高级技师。

三、具体任务

对故障服务器进行日志收集与分析，并确定其故障原因。

四、工作规范及要求

要求单人操作完成。

五、考核及时间要求

本考核操作时间为 60 分钟，包括测试验证时间，时间到停止考核。

技能等级评价专业技能考核操作评分标准

工种	信息运维检修工			评价等级	高级技师
项目模块	主机基础—PC 服务器故障日志收集与分析		编号		Jc0704142003
单位		准考证号		姓名	
考试时限	60 分钟	题型	单项操作	题分	100 分
成绩		考评员	考评组长	日期	
试题正文	PC 服务器故障日志收集与分析				
需要说明的问题和要求	独立完成 PC 服务器故障日志收集与分析				

序号	项目名称	质量要求	满分	扣分标准	扣分原因	得分
1	故障日志收集与分析	对故障服务器进行日志收集与分析，并确定其故障原因	100	未完成故障日志收集，扣50分；未确定故障原因，扣50分		
	合计		100			

Jc0704142004　配置强隔离。（100 分）

考核知识点：网络基础

难易度：中

技能等级评价专业技能考核操作工作任务书

一、任务名称

配置强隔离。

二、适用工种

信息运维检修工高级技师。

三、具体任务

在客户端中，根据厂家提供的信息，配置一套完整的强隔离配置。

四、工作规范及要求

要求单人操作完成。

五、考核及时间要求

本考核操作时间为 30 分钟，包括测试验证时间，时间到停止考核。

技能等级评价专业技能考核操作评分标准

工种	信息运维检修工				评价等级	高级技师
项目模块	网络基础—配置强隔离			编号		Jc0704142004
单位			准考证号		姓名	
考试时限	30分钟	题型		单项操作	题分	100 分
成绩		考评员		考评组长	日期	
试题正文	配置强隔离					
需要说明的问题和要求	独立完成强隔离配置					

序号	项目名称	质量要求	满分	扣分标准	扣分原因	得分
1	配置强隔离	按要求完成配置	100	真实数据库配置未成功，扣30分；应用服务器未配置，扣20分；配置完未提交，扣30分；应用系统测试未成功，扣20分		
	合计		100			

Jc0704143005　添加标准交换机。（100 分）

考核知识点：主机基础

难易度：难

技能等级评价专业技能考核操作工作任务书

一、任务名称

添加标准交换机。

二、适用工种

信息运维检修工高级技师。

三、具体任务

为 ESXi 主机添加一台标准交换机，在标准交换机上添加 VLAN ID 为 90、92 的虚拟端口组。

四、工作规范及要求

要求单人操作完成。

五、考核及时间要求

本考核操作时间为 60 分钟，包括测试验证时间，时间到停止考核。

技能等级评价专业技能考核操作评分标准

工种	信息运维检修工					评价等级	高级技师
项目模块	主机基础—添加标准交换机			编号		Jc0704143005	
单位			准考证号			姓名	
考试时限	60 分钟		题型	单项操作		题分	100 分
成绩		考评员		考评组长		日期	
试题正文	添加标准交换机						
需要说明的问题和要求	独立完成标准交换机添加						

序号	项目名称	质量要求	满分	扣分标准	扣分原因	得分
1	添加标准交换机	按要求完成添加	100	标准交换机创建失败，扣 100 分；未添加虚拟端口组，扣 50 分；扣完为止		
	合计		100			

Jc0704123006　OSPF 路由过滤。（100 分）

考核知识点： 网络基础

难易度： 难

技能等级评价专业技能考核操作工作任务书

一、任务名称

OSPF 路由过滤。

二、适用工种

信息运维检修工高级技师。

三、具体任务

按要求对 R1、R2、R3 对应接口配置 IP 地址，R2 分别和 R1、R3 建立 OSPF 邻居，并按照要求进行路由过滤。

OSPF 路由配置拓扑图见图 Jc0704123006。

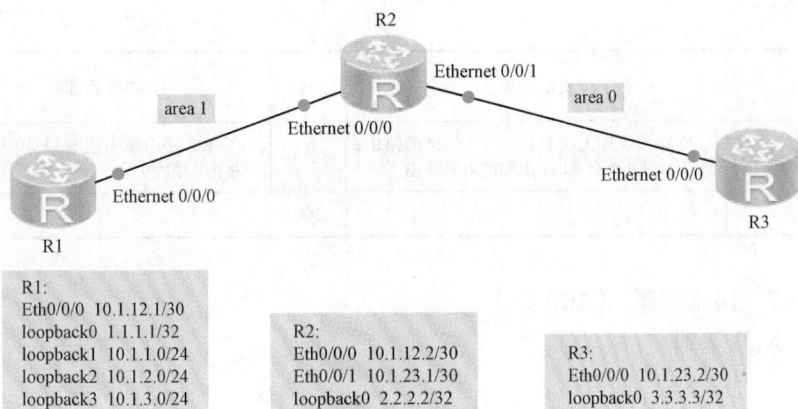

R2
Ethernet 0/0/1

area 1
Ethernet 0/0/0

area 0

Ethernet 0/0/0
R3

Ethernet 0/0/0
R1

R1:
Eth0/0/0 10.1.12.1/30
loopback0 1.1.1.1/32
loopback1 10.1.1.0/24
loopback2 10.1.2.0/24
loopback3 10.1.3.0/24

R2:
Eth0/0/0 10.1.12.2/30
Eth0/0/1 10.1.23.1/30
loopback0 2.2.2.2/32

R3:
Eth0/0/0 10.1.23.2/30
loopback0 3.3.3.3/32

图 Jc0704123006

四、工作规范及要求

（1）完成 R1、R2、R3 对应接口配置 IP 地址。

（2）R2 分别和 R1、R3 建立 OSPF 邻居，路由器 loopback0 地址作为 router-id。

（3）在 R1 的 OSPF 进程中宣告 loopback1、loopback2、loopback3 地址。

（4）在 R3 上对 10.1.1.0/24 的路由做过滤，使得 R3 路由表中看不到 10.1.1.0/24 的路由。

五、考核及时间要求

（1）本考核操作时间为 90 分钟，包括报告整理时间，时间到停止考核。

（2）问题查找和排除过程中，如确实不能查找出问题，可向考评员申请排除问题，该项问题项目不得分，但不影响其他项目。

技能等级评价专业技能考核操作评分标准

工种	信息运维检修工			评价等级	高级技师
项目模块	网络基础—OSPF 路由过滤		编号		Jc0704123006
单位		准考证号		姓名	
考试时限	90 分钟	题型	单项操作	题分	100 分
成绩		考评员	考评组长	日期	
试题正文	OSPF 路由过滤				
需要说明的问题和要求	要求单人操作完成				

序号	项目名称	质量要求	满分	扣分标准	扣分原因	得分
1	OSPF 路由过滤					
1.1	路由器接口地址配置正确	能正确配置路由器 IP 地址	10	路由器 IP 地址配置错误，扣 10 分		
1.2	路由器 OSPF 配置正确	路由器 OSPF 区域、router-id 配置正确	10	未成功配置 OSPF 区域、router-id 配置错误，扣 10 分		
1.3	R2 和 R1、R3 能够建立 OSPF 邻居	邻居状态都正常	10	有一个邻居状态不正常，扣 10 分		
1.4	在 R1 的 OSPF 进程宣告 loopback1、loopback2、loopback3 网段	网段宣告正确	10	网段宣告错误，扣 10 分		
1.5	在 R3 上对 10.1.1.0/24、路由做过滤	路由过滤命令配置正确	40	路由过滤配置错误，扣 40 分		

续表

序号	项目名称	质量要求	满分	扣分标准	扣分原因	得分
1.6	在 R3 路由表中不能看到 10.1.1.0/24 的路由	R3 路由表中无法看到 10.1.1.0/24 的路由，而有 10.1.2.0/24 和 10.1.3.0/24 的路由	20	在 R3 路由表中能看到 10.1.1.0/24 的路由，扣 20 分		
	合计		100			

Jc0704123007　网络配置。（100 分）

考核知识点： 网络基础

难易度： 难

技能等级评价专业技能考核操作工作任务书

一、任务名称

网络配置。

二、适用工种

信息运维检修工高级技师。

三、具体任务

网络配置拓扑图如图 Jc0704123007 所示，PC1 属于 VLAN100，PC2 属于 VLAN200，各主机 IP 地址、子网掩码、网关及各接口互联地址按照图中所示进行配置。路由器 GW 和交换机 HJ-SW1、HJ-SW2 使用 OSPF 协议进行通信，其中路由器 GW 的 GE0/0/1 和 GE0/0/2 属于区域 100；路由器 GW 和路由器 Internet 之间使用静态路由协议；交换机 HJ-SW1 和 HJ-SW2 启用 VRRP，其中 HJ-SW1 负责转发数据。

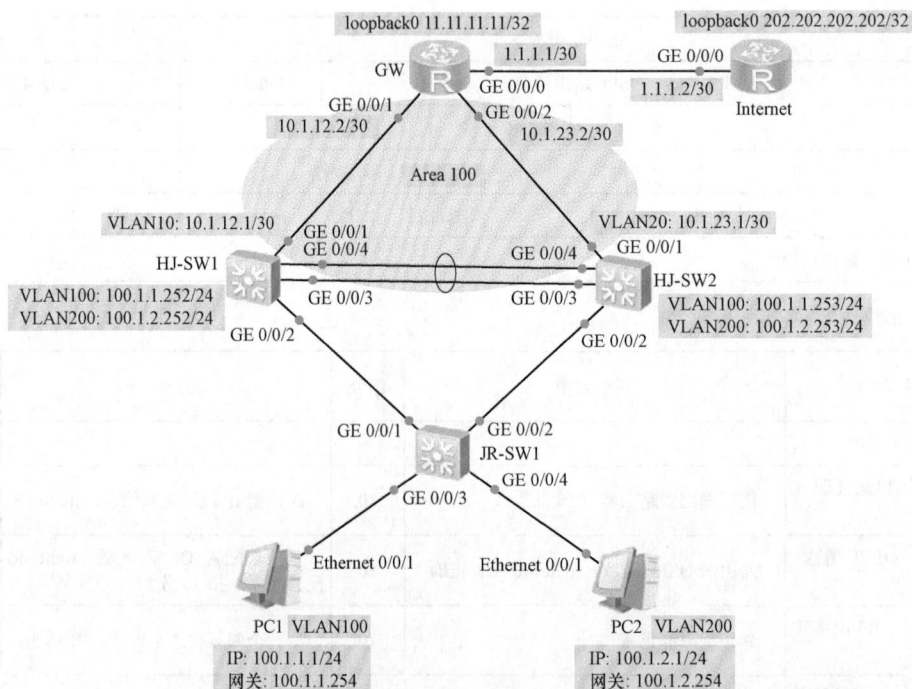

图 Jc0704123007

（1）按照图 Jc0704123007 的要求，完成所有网络接口地址、VLAN 信息、PC 机 IP 地址等的配置，其中 HJ-SW1 的 GE0/0/1 接口属于 VLAN10；HJ-SW2 的 GE0/0/1 接口属于 VLAN20。

将交换机 HJ-SW1 和 HJ-SW2 的 GE0/0/3、GE0/0/4 接口加入聚合组 10；交换机 HJ-SW1、HJ-SW2 和 JR-SW1 之间的互联接口模式为 trunk，且只允许 VLAN100 和 VLAN200 通过。

（2）通过在交换机 HJ-SW1、HJ-SW2 和 JR-SW1 之间启用 STP 协议，并通过调整参数使得 HJ-SW1 为根交换机，HJ-SW2 为次根交换机。

在路由器 GW、交换机 HJ-SW1 和 HJ-SW2 之间启用 OSPF 路由协议，区域号为 100；配置完成后在路由器 GW 的路由表里能够看到 100.1.1.0/24 和 100.1.2.0/24 的路由。

（3）在路由器 GW 和路由器 Internet 之间使用静态路由，并将静态路由重分发到 OSPF，使得在 HJ-SW1 和 HJ-SW2 上能够 ping 通 202.202.202.202。

（4）在路由器 Internet 上新建用户名为 test，密码为 test123 的用户，配置 SSH 远程登录，并使用 ACL 限制，使得只有路由器 GW 的 loopback0 地址 11.11.11.11 能够远程登录到 Internet。

（5）在交换机 HJ-SW1 和 HJ-SW2 之间启用 VRRP 协议，HJ-SW1 为主交换机承担所有数据的转发，最终在 PC1、PC2 能够 ping 通 202.202.202.202。

四、工作规范及要求

要求单人操作完成。

五、考核及时间要求

（1）本考核操作时间为 120 分钟，包括报告整理时间，时间到停止考核。

（2）问题查找和排除过程中，如确实不能查找出问题，可向考评员申请排除问题，该项问题项目不得分，但不影响其他项目。

技能等级评价专业技能考核操作评分标准

工种	信息运维检修工				评价等级	高级技师
项目模块	网络基础—网络配置			编号		Jc0704123007
单位			准考证号		姓名	
考试时限	120 分钟	题型		单项操作	题分	100 分
成绩		考评员		考评组长		日期
试题正文	网络配置					
需要说明的问题和要求	独立完成网络配置					

序号	项目名称	质量要求	满分	扣分标准	扣分原因	得分
1	根据题目中的任务要求完成项目	根据要求正确完成配置				
1.1	按照图示要求，完成所有网络接口地址、VLAN 信息、PC 机 IP 地址等的配置，其中 HJ-SW1 的 GE0/0/1 接口属于 VLAN10；HJ-SW2 的 GE0/0/1 接口属于 VLAN20	根据要求完成网络设备接口地址配置，VLAN 相关配置，端口划分 VLAN	15	未按要求配置相关基本信息，扣 15 分		
1.2	将交换机 HJ-SW1 和 HJ-SW2 的 GE0/0/3、GE0/0/4 接口加入聚合组 10；交换机 HJ-SW1、HJ-SW2 和 JR-SW1 之间的互联接口模式为 trunk，且只允许 VLAN100 和 VLAN200 通过	配置聚合组，并将 GE0/0/3 和 GE0/0/4 接口加入聚合组，网络设备之间互联接口设置为 trunk，按要求进行配置	15	VRRP 配置不正确，扣 5 分；聚合组未配置正确，扣 5 分；网络设备互联端口未配置为 trunk，扣 5 分		

序号	项目名称	质量要求	满分	扣分标准	扣分原因	得分
1.3	通过在交换机 HJ-SW1、HJ-SW2 和 JR-SW1 之间启用 STP 协议，并通过调整参数使得 HJ-SW1 为根交换机，HJ-SW2 为次根交换机	启用 STP 协议，按要求进行配置	15	未按照要求进行配置，扣 15 分		
1.4	在路由器 GW、交换机 HJ-SW1 和 HJ-SW2 之间启用 OSPF 路由协议，区域号为 100；配置完成后在路由器 GW 的路由表里能够看到 100.1.1.0/24 和 100.1.2.0/24 的路由	启用 OSPF 协议，按要求进行配置	15	OSPF 配置不正确，扣 5 分；邻居未建立，扣 5 分；路由信息不完整，扣 5 分		
1.5	在路由器 GW 和路由器 Internet 之间使用	设置静态路由并重分发进 OSPF，按要求进行配置	10	静态路由配置不正确，扣 5 分；路由重分发不正确，扣 5 分		
1.6	在路由器 Internet 上新建用户名为 test，密码为 test123 的用户，配置 SSH 远程登录，并使用 ACL 限制，使得只有路由器 GW 的 loopback0 地址 11.11.11.11 能够远程登录到 Internet	创建用户名并设置为 SSH 登录模式，按要求进行配置	20	用户配置不正确，扣 5 分；远程登录配置不正确，扣 5 分；ACL 配置不正确，扣 5 分；SSH 不能登录，扣 5 分		
1.7	在交换机 HJ-SW1 和 HJ-SW2 之间启用 VRRP 协议，HJ-SW1 为主交换机，承担所有数据的转发，最终在 PC1、PC2 能够 ping 通 202.202.202.202	启用 VRRP 协议，按要求完成	10	VRRP 配置不正确，扣 5 分；PC1、PC2 不能够 ping 通 202.202.202.202，扣 5 分		
	合计		100			